メディア学大系

13

音声音響インタフェース実践

相川　清明
大渕　康成
共著

▼

コロナ社

「メディア学大系」刊行に寄せて

ラテン語の“メディア（中間・仲立ち）”という言葉は，16 世紀後期の社会で使われ始め，20 世紀前期には人間のコミュニケーションを助ける新聞・雑誌・ラジオ・テレビが代表する“マスメディア”を意味するようになった。また，20 世紀後期の情報通信技術の著しい発展によってメディアは社会変革の原動力に不可欠な存在までに押し上げられた。著名なメディア論者マーシャル・マクルーハンは彼の著書『メディア論――人間の拡張の諸相』（栗原・河本 訳，みすず書房，1987 年）のなかで，“メディアは人間の外部環境のすべてで，人間拡張の技術であり，われわれのすみからすみまで変えてしまう。人類の歴史はメディアの交替の歴史ともいえ，メディアの作用に関する知識なしには，社会と文化の変動を理解することはできない”と示唆している。

このように未来社会におけるメディアの発展とその重要な役割は多くの学者が指摘するところであるが，大学教育の対象としての「メディア学」の体系化は進んでいない。東京工科大学は理工系の大学であるが，その特色を活かしてメディア学の一端を学部レベルで教育・研究する学部を創設することを検討し，1999 年 4 月世に先駆けて「メディア学部」を開設した。ここでいう，メディアとは「人間の意思や感情の創出・表現・認識・知覚・理解・記憶・伝達・利用といった人間の知的コミュニケーションの基本的な機能を支援し，助長する媒体あるいは手段」と広義にとらえている。このような多様かつ進化する高度な学術対象を取り扱うためには，従来の個別学問だけで対応することは困難で，諸学問横断的なアプローチが必須と考え，学部内に専門的な科目群（コア）を設けた。その一つ目はメディアの高度な機能と未来のメディアを開拓するための工学的な領域「メディア技術コア」，二つ目は意思・感情の豊かな表現力と秘められた発想力の発掘を目指す芸術学的な領域「メディア表現コア」，三つ目は新しい社会メディアシステムの開発ならびに健全で快適な社会の創造に寄与する人文社会学的な領域「メディア環境コア」である。

「文・理・芸」融合のメディア学部は創立から13年の間，メディア学の体系化に試行錯誤の連続であったが，その経験を通して，メディア学は21世紀の学術・産業・社会・生活のあらゆる面に計り知れない大きなインパクトを与え，学問分野でも重要な位置を占めることを知った。また，メディアに関する学術的な基礎を確立する見通しもつき，歴年の願いであった「メディア学大系」の教科書シリーズ全10巻を刊行することになった。

2016年に至り，メディア学の普及と進歩は目覚ましく，「メディア学大系」もさらに増強が必要になった。この度，視聴覚情報の新たな取り扱いの進歩に対応するため，さらに5巻を刊行することにした。また，学術・産業・社会の変革に貢献する斬新的なメディアに関する教科書を随時追加し，「メディア学大系」を充実させることを計画している。

この「メディア学大系」の教科書シリーズは，特にメディア技術・メディア芸術・メディア環境に興味をもつ学生には基礎的な教科書になり，メディアエキスパートを志す諸氏には本格的なメディア学への橋渡しの役割を果たすと確信している。この教科書シリーズを通して「メディア学」という新しい学問の台頭を感じとっていただければ幸いである。

2017年1月

東京工科大学
メディア学部　初代学部長
前学長

相磯秀夫

「メディア学大系」の使い方

メディア学は人から人や社会への情報伝達に関する学問である。したがって，メディア学は情報工学，文化，社会，人文科学にも及ぶ。「メディア学大系」の第1巻から第10巻においては，文系・理系の範ちゅうを超えたメディア学という新しい学問領域の全体像を学部学生に理解してもらうために，5領域から説明を行っている。

第1巻『メディア学入門』において，歴史的背景もふまえて，メディアの全体像とメディア学の学びの対象を概観している。

第2巻『CGとゲームの技術』，第3巻『コンテンツクリエーション』は，ゲーム，アニメなどコンピュータグラフィックスに関係した内容である。

第4巻『マルチモーダルインタラクション』，第5巻『人とコンピュータの関わり』は，人とコンピュータのコミュニケーションをインタフェースとそれに関係する技術の側面から記述している。

第6巻『教育メディア』，第7巻『コミュニティメディア』は，メディアの活用のうち，人と人のつながりや社会に関係した内容である。

第8巻『ICTビジネス』，第9巻『ミュージックメディア』は，メディアの活用のうち，サービスなどの産業，ビジネスや経済に関係した分野である。

第10巻『メディアICT』は，メディアを学ぶ基礎となるコンピュータの技術の入門書である。

今回追加した第11巻から第15巻は，人とコンピュータの間のメディア情報伝達の中心をなす視聴覚に重点を置いている。また，内容的には，第1巻から第10巻には書ききれなかった内容とプログラムなどを用いて，より実際的に理解する内容を含めた。

第11巻『自然現象のシミュレーションと可視化』では，高度なコンピュータグラフィック技術とメディアデータを視覚的に表現する方法について述べている。

第12巻『CG数理の基礎』は，コンピュータグラフィックスや画像処理の原理を，コンピュータツールやプログラムを用いて学ぶ。

第13巻『音声音響インタフェース実践』では，音と音声をコンピュータで扱う技術をコンピュータツールやプログラムを用いて学ぶ。

第14巻『映像メディアの制作技術』は，ディジタル映像の制作と配信の技術を広告の領域まで含めて解説する。

第15巻『視聴覚メディア』は，アニメなどの映像や画像の処理と人の視覚特性，楽器音など自然界の音に対する聴覚特性など，人の視聴覚の側面から解説する。

各巻の構成内容は，半年にわたる15週，90分2単位の大学学部における授業を想定して執筆され，各章に演習問題を設置して自主学習の支援をするとともに，参考文献を適切に提示し，十分な理解ができるようにしている。

メディアの歴史は太古に溯るが，ディジタルメディアの時代になり，新しい方法や技術がつぎつぎに導入され，急速な進展を続けている。本シリーズは，将来にわたって通用するメディア学の基本的な考え方の修得に重点を置いて企画した。また，メディア学はメディアの実体との結びつきが強いという特徴がある。そのため，各分冊の執筆にあたり，実践的な演習授業の経験が豊富で最新の展開を把握している第一線の執筆者を選び，執筆をお願いした。メディア学は限りなく進展する学問である。本書がメディアを志す読者の確固たる礎となることを期待する。

2017年1月

相川清明

近藤邦雄

まえがき

本書は「音声音響インタフェース実践」という一見演習の手引きのように思えるタイトルであるが，実践を通して基礎理論の理解を深めることを目的としている。「メディア学大系」第4巻「マルチモーダルインタラクション」の中で，音のディジタル信号処理の理論を解説しているが，本書は，そこには記載できなかった信号の基礎理論とその具体的応用，および信号処理を応用したインタフェースについて解説する。

2章では，特に具体的な数値を挙げて物理現象を実感できるように工夫した。複素数を含む数式や演算の意味をわかりやすく解説するようにしている。本書では，エコーキャンセラのような高度な処理についても触れているが，何をしたいのかから始まって，レベルの高い理論まで段階を追ってスムーズに導いている。ビームフォーマという特定の方向からの音を取り込む仕組みについては，難しい理論をわかりやすい図を多用して理解に結びつけている。ブラインド音源分離や独立成分分析などの最先端の信号処理技術をも，その仕組みがわかりやすいように解説した。さらに，音場制御や騒音の除去の側面からも，基礎的な数式を用いながらも原理の理解に重点を置いた解説を行っている。

3章は，信号処理ツールを用いてディジタル信号処理を実感できる構成とした。東京工科大学のメディア学部はノートパソコン必携である。このため，授業でこのような信号処理ツールを活用できる。本書で用いているMATLABやScilabを用いると，簡単に音の入出力や生成加工ができる。さらに，なかなかイメージをつかみにくい複素関数の演算も簡単に行うことができる。これらのツールは描画能力にも優れているので，処理した結果を音だけでなく，さまざまな図に表現することができる。特にディジタルフィルタの演算や伝達関数の表示では，これらのツールは威力を発揮する。本章では，これらのツールを使うことにより，理論を実感して理解できるようにした。

4章は，その他の音声音響処理用のツールと最先端の考え方の紹介である。特に，データから得られた特徴量の学習に基づく最近の音声認識や機械学習についてわかりやすく解説しており，最先端のディープラーニングにまで触れている。

本書は，1，2，4章を大淵が，3章を相川が担当した。これらの章は，段階を追って読まないと理解できないということはなく，どこから読み始めてもよい。1章は各章への導入部なので，まずそれを読んでいただき，必要に応じて各章に進んでいただくとよいと思われる。本書は実践を通して理論を理解するための書物であり，プログラムを記載している部分では，なるべく紹介しているツールを手元において，実践しながら読み進んでいただけると幸いである。

2017年1月

相川清明
大淵康成

目　　次

1章　音声音響インタフェースの実現のために

2章　音響インタフェース実現のための基礎知識

1章 音声音響インタフェースの実現のために

◆本章のテーマ

本章では，音を使ったインタフェースの位置づけについて概観し，具体的な例についても学ぶ。そのうえで，音声音響インタフェースの実践のために必要となる基礎知識と，さまざまなツールの活用法について，本書でどのように学んでいくことができるのかについて述べる。

◆本章の構成（キーワード）

1.1　身の回りの音声音響インタフェース
　　スマートフォン，テレビ会議装置
1.2　ツールを活用したインタフェース実践
　　MATLAB，Scilab，openSMILE，Weka

◆本章を学ぶと以下の内容をマスターできます

☞　聴覚の特徴
☞　音声音響インタフェースの実例
☞　音声音響処理に役立つツール

1.1 身の回りの音声音響インタフェース

人間の五感の中でも，とりわけ重要だと思われるのが視覚と聴覚であろう。視覚は，一度に処理できる情報量が多く，空間認知などでは特に重要な役割を担っている。一方，聴覚は言語と深く結びついており，人の精神活動の奥深くにかかわる情報がやりとりされることが多い。

昨今，街には監視カメラが数多く設置されている。以前は嫌がる人も多かったが，犯罪捜査などで有効活用されることも多く，徐々に市民権を得てきているようである。しかし，24 時間ずっと録音を続ける装置を，街中に設置したらどうなるだろう。「そんなのは盗聴されているようで嫌だ」という人は多いのではなかろうか。言い換えると，音が伝える情報の中には，それだけ機微なものが含まれるということだろう。

産業革命以来の技術革新の歴史の中で，音は重要なテーマの一つであった。音には揮発性と呼ばれる特性があり，音が発せられたその場所・その時間に居合わせない限り，その情報に接することはできなかった。しかし，19 世紀後半に電話や蓄音機が発明され，距離や時間に対する制約が取り除かれるようになった。その後，電話の技術は携帯電話に受け継がれ，より効率的に声の情報を伝達するため，さまざまな音声符号化技術が考案されてきた。一方の蓄音機も，コンパクトディスク（CD）から mp3 プレーヤへと変貌していく中で，再生技術や圧縮技術の進化の恩恵を受けている。

このように，「保存」と「伝達」の二つが長年にわたって音声音響処理の中心であったわけだが，近年の IT 技術の革新により，「加工」「生成」「理解」といった機能が加わり，総称として「音声インタフェース」「音響インタフェース」という言葉が使われる機会も増えてきた。インタフェースとは，二つのシステムが接する場所で，どのように情報がやりとりされるかを表す言葉であるが，特に人間と機械が接する場所でのやりとりを指して，「ヒューマンマシンインタフェース」という言葉を使うこともある。

実際，われわれの身の回りにはどのような音声音響インタフェースがあるのか，考えてみよう。

電話は進化して**スマートフォン**になった。音の強弱を０と１のビット信号で効率的に表すための符号化技術や，帯域を効率的に使うための圧縮技術に加えて，屋外のうるさい環境で使うための雑音抑圧技術や，ハウリングを防ぐためのエコーキャンセラ技術なども，スマートフォンでの通話のためには欠かせない技術である。また，こうした技術は，**テレビ会議装置**などでも役立っている。

音の再生技術は，mp3 プレーヤに見られるようなパーソナル化に加えて，映画館やテーマパークで使われる立体化の方向にも進化している。サラウンド再生やバイノーラル再生による臨場感の獲得は，今後はバーチャルリアリティーという形でさらに存在感を高めていくと予想される。

音の生成技術は，シンセサイザのような電子楽器に始まり，最近では“初音ミク”などの歌声合成システムが人気を集めている。一方で，普通の話し声の合成システムの普及も進み，街中のアナウンスや動画コンテンツ作成などで数多く使われている。

音の理解技術を代表するのは，音声認識システムであろう。長い研究の歴史にもかかわらず，なかなか実用化が進まなかった音声認識だが，スマートフォンの普及により認知度が高まり，少しずつ使われる機会が増えてきている。また，**ビッグデータ**の管理・解析技術の進歩により，コールセンターのログや機器の動作音などを蓄積し，分析していこうという機運も高まっている。

1.2　ツールを活用したインタフェース実践

本書では，こうした音声音響インタフェースを実践的に学習するための材料を提供する。インタフェースを実現するためには，基本原理に加えて，さまざまな周辺機能についての理解が必要である。また，すべての機能を自ら実装するのではなく，ときには既存のツールをうまく活用することにより，作業を効率化することができる。一方，こうしたツールをブラックボックス化することなく，そこで行われている処理の内容を把握しておくことも，完成したインタフェースを活用する際には重要である。

2章では，音をシステムに取り込み，加工・伝達し，再生するような装置を念頭に置き，そこで用いられるさまざまな処理について解説する。音の信号はさまざまな高さの成分の重ね合わせであり，それを表現するためのフーリエ変換についての理解は不可欠である。ただし，フーリエ変換そのものは，たいていの場合はツールを使用することにより簡単に実行できるので，変換公式の詳細よりも，むしろその意味についての理解が重要であろう。

エコーキャンセラやマイクロホンアレイなどでは，複数の信号を組み合わせて所望の信号を得るために，複雑な式を扱うことが求められるが，本書ではそれらの式の詳細を追わなくても，なるべく定性的な理解が可能となるような記述を心がけた。例えば，こうした機能を実行するツールが提供されているときに，どの場面でどの機能を活用すればよいのか，定性的な検討ができるようになることを，読者には心がけて欲しい。

3章では，信号処理ツールである **MATLAB** あるいは **Scilab** を用いた，具体的な信号処理の実践を学ぶ。Scilab は MATLAB とほぼ同じ機能を持ち，大部分のプログラムは共通である。これらの信号処理ツールはインタープリタ型のツールで，コマンドウィンドウにコマンドを入力することにより，演算や処理が行われる。一連のコマンドをテキストファイルのように記述した，スクリプトと呼ばれるファイルを実行することもできる。また，ツールに用意してある関数以外に，自分で関数ファイルを作成して使用することもできる。

これらのツールの利点は，C 言語や Java のような一般のプログラムに比べ，はるかに短いプログラムで高機能を実現できることである。具体的な演算手順を簡潔明瞭に記述できるため，プログラムのフローチャートとみることもできるし，また，複雑な演算の備忘録にもなる。

MATLAB や Scilab は GUI（graphical user interface）も構築できるほか，マウスクリックによる座標の読み込みなどのインタラクティブな使用が可能であり，本書もその特徴を活かして理解を深められるように工夫した。特に，伝達関数の極と零点と周波数特性の関係の理解には有効である。

このほか，MATLAB や Scilab には優れた描画機能があり，各種グラフのほか，色表示の機能を活用したサウンドスペクトログラムの表示も含めた。

4 章は，特に機械学習という側面に着目した章である。あるテーマのもとにデータを集め，そこから機械学習によりなんらかの知識を獲得し，未知のデータに対する予想を行うという枠組みを自ら実践できるようになることが，この章の目的である。本書では音のデータ処理を扱っているが，ここで述べることの多くは，音以外のメディアデータに対しても役立つはずである。

データ処理や機械学習の分野では，近年さまざまな機能に特化したツールキットが公開されているが，それぞれのツールの使い方を習得すること自体も，決して簡単ではない。そのような中で，特徴抽出ツールの **openSMILE** や，機械学習ツールの **Weka** は汎用性が高く，さまざまな場面で活用することができる。こうしたツールを使いこなして，さまざまな場面で音声音響信号処理の課題にチャレンジできるようになって欲しい。

演習問題

〔1.1〕　普段の日常で聴いている音を，「自然のままの音」「自然のものを人間が加工した音」「人間が作った音」に分類してみよう。人間が加工したり作成したりするときには，どういう点に注意しているかを考えてみよう。

2章 音響インタフェース実現のための基礎知識

◆本章のテーマ

音の入出力を扱うさまざまなインタフェースの基本原理を概説する。はじめに音の基本的な性質について述べ，つぎにエコーキャンセラやマイクロホンアレイなど，入力された音響データを処理する方式を紹介する。その後，出力系の音響データ処理である音場制御についても解説する。本章の目的は，音響インタフェースの開発を行うに当たって必要となる基礎知識を身につけ，実践の足掛かりとすることである。

◆本章の構成（キーワード）

2.1　音の性質と周波数分析
　　スペクトログラム，サンプリング，伝達関数
2.2　エコーキャンセラ
　　エコーサプレッサ，エコーキャンセラ，LMS アルゴリズム
2.3　マイクロホンアレイ
　　遅延和ビームフォーマ，適応ビームフォーマ，音源方向推定
2.4　ブラインド信号分離
　　独立成分分析，非負値行列因子分解
2.5　単一マイク信号からの雑音抑圧
　　スペクトルサブトラクション，ウィーナーフィルタ，統計的雑音抑圧
2.6　音場制御
　　バイノーラル録音，頭部伝達関数，アクティブノイズコントロール

◆本章を学ぶと以下の内容をマスターできます

☞　音のスペクトル
☞　エコーキャンセラの原理
☞　マイクロホンアレイを用いた音源方向推定と音源分離
☞　立体的な音響信号の作成方法

2.1　音の性質と周波数分析

2.1.1　音波の伝搬とエネルギー

音は媒体を伝わる振動である。空気中はもちろんのこと，水のような液体や，鉄のような金属の中でも音は伝わる。一方，媒体となる物質が存在しない場所，例えば宇宙空間では音は伝わらない。とはいえ人間の生活にとって圧倒的に重要なのは，空気中を伝わる音である。本書では，特筆しない限り，空気中を伝わる音のみを扱うこととする。

空気中では縦波だけが伝わる。縦波とは，音の進行方向と同じ方角に振動する波のことで，**疎密波**とも呼ばれる。例えば，太鼓をたたくと膜が振動する。膜が膨らむときは，その外側にある空気が押されて密度が高くなる。密度が高くなった空気はさらにその外側の空気を押す。押された空気の密度が高くなり，さらにその外側を押す。逆に，膜がへこむと，今度は外側の空気の密度が低くなり，さらにその外側の空気を引張る。そのように押したり引張ったりする力が，波としてつぎつぎと伝搬していく。

図 2.1 は，ばねを伝わる疎密波の例である。上の図が実際の密度変化の様子を表している。これに対し，横軸が疎密波の進行方向を表すのはそのままにして，縦軸で媒体の密度を表すようにすると下の図になる。下の図は，あたかも

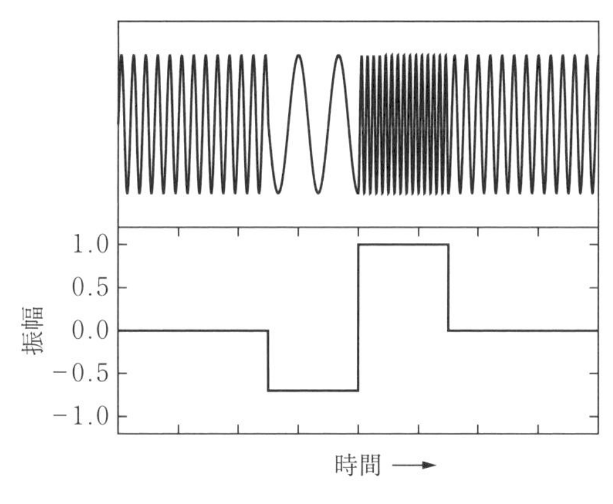

図 2.1　疎密波の例

疎密波を横波のように表したものであるが，波の変化を示すにはこの方式が便利なので，本書でも今後はこの方式を用いる。ただし，あくまでも疎密波を横波で模擬したものであり，実際の音波は横波ではないということを忘れないようにしてもらいたい。

さて，太鼓をたたいた後，波は時間とともにどのように伝わるだろうか。池に石を投げ込んだときを思い出せばわかるように，音を発した場所を中心として，3次元空間を同心球のように伝わっていくはずである。音は常温で秒速約340mで進むことが知られているので，1秒後には半径340m，2秒後には半径680mの，薄いボールの皮のような形で波面が存在するはずである。このとき，仮に太鼓が発する音のエネルギーをE（ジュール〔J〕）とすると，距離r（メートル〔m〕）だけ離れた場所では，球面の表面積は$4\pi r^2$となるため，エネルギー密度は$E/4\pi r^2$（ジュール/平方メートル〔J/m^2〕）となる。この式から，「音源からの距離が倍になると，エネルギー密度は1/4になる」という音の重要な性質が理解できる。**図2.2**は，音の伝搬を2次元に投影して，同心円として伝わる波が遠くに行くにつれて小さくなる様子を表している。

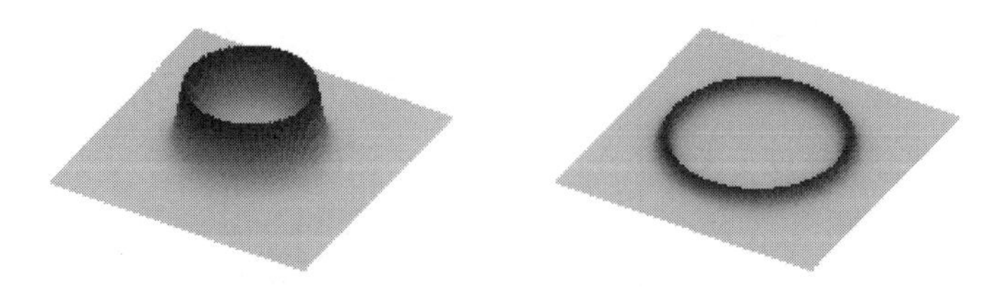

図2.2　時間とともに波が伝搬する様子

音の正体が空気の疎密波であるという事実は，音の重要な性質の一つである**重ね合わせの原理**にもつながる。太鼓Aから出たが観測者のいる場所の空気密度をx_1だけ変化させ，太鼓Bから出たが同じ場所の空気密度をx_2だけ変化させるならば，それら二つの太鼓からの波が同時に到達したとき，その場所の空気密度の変化はx_1+x_2となる。この原理があるため，たくさんの楽器の音を別々に録音しておき，それらを後から重ね合わせることで，あたかも同時に演奏しているように聞かせることができる。

2.1.2 音の振動と三角関数

つぎに，音の波が時間とともにどう変化するかを見てみよう。先ほど例に挙げた太鼓の膜の場合，膨らみが大きくなるとともに，逆の方向に引き戻す力が強くなる。自然界には，このように「通常状態からの変化が大きくなるほど，それに比例して逆向きの力が働く」ものが多い。典型的な例が「ばね」である。ばね定数 k（ニュートン/メートル〔N/m〕）のばねの振動を表す式は，ニュートンの運動方程式 $F=ma$ † に，ばねの力 $F=-kx$ を代入することで求められる。

$$-kx=m\frac{d^2x}{dt^2} \tag{2.1}$$

ただし，m はばねの先端に取り付けられた重りの質量である。また，加速度 a を，釣合いの位置からの距離 x の2階微分で置き換えた。これを解くと以下が得られる。

$$x=A\sin(\omega t+\theta) \tag{2.2}$$

ただし $\omega=\sqrt{k/m}$ であり，この値は**角周波数**（angular frequency）と呼ばれる。この式は，太鼓の膜の例でいうと，膜の膨らみが時間の三角関数で表されるということを表している。このような運動を**単振動**と呼び，式 (2.2) で表される波を**サイン波**と呼ぶ。単振動では，sin の引数（ひきすう）である $\omega t+\theta$ が 2π 増えるごとに同じ値を繰り返すため，単位時間当たりの繰り返しの回数である $f=\omega/2\pi$ を**周波数**（frequency）と呼び，1秒当たりの振動の数を単位（ヘルツ〔Hz〕）で表す。この f を使うと，式 (2.2) は以下の形になる。

$$x=A\sin(2\pi ft+\theta) \tag{2.3}$$

周波数は，単位時間内に音の「密」の部分が何回現れるかを表しており，人間が聞いたときの「音の高さ」に対応する。また，サイン関数の引数部分全体 $(2\pi ft+\theta)$ を**位相**（phase）と呼ぶ。一方，A は**振幅**（amplitude）と呼ばれ，「音の大きさ」を表す。

せっかくなので，このばねが持つ全力学的エネルギーを計算してみよう。ば

---

† F は重りにかかる力，m は重りの質量，a は加速度である。

ねの弾性エネルギー $(1/2)\,kx^2$ は，式 (2.2) から簡単に求められる。つぎに，式 (2.2) を時間微分して得られる速度 v を用いて，運動エネルギー $(1/2)\,mv^2$ を求める。この 2 種類のエネルギーを加算すると，全力学的エネルギーが

$$E=\frac{1}{2}\,kA^2 \tag{2.4}$$

となることがわかる。これは，音波において空気の伸縮がばねの役割を果たす場合でも同じであり，音波のエネルギーは振幅 A の 2 乗に比例するということを示している。

ここで再び太鼓の例に戻り，太鼓から距離 r だけ離れた場所にいる人を考えてみよう。音速を c とすると，太鼓を叩いた瞬間の振動は，r/c 秒後に伝わってくる。その後，式 (2.3) に従って生み出される疎密波も，すべて r/c 秒の遅れで伝わってくる。一方，音のエネルギー密度は距離の 2 乗に反比例するので，式 (2.4) と合わせて考えると，音の振幅は距離に反比例することがわかる。これらより，距離 r だけ離れた場所で観測される音は

$$x=\frac{A_0}{r}\sin\left(2\,\pi f\,(t-r/c)+\theta\right) \tag{2.5}$$

となる。ただし A_0 は距離 $r=1$ のところで観測される振幅である。この式は，音の伝搬により

（1）　音の大きさ（振幅）が距離に反比例して小さくなること

（2）　音の高さ（周波数）は距離が離れても変わらないこと

（3）　音の位相（sin の引数部分）には距離に比例する遅れが生じること

を表している。（3）については，現段階ではどんな意味があるのかわからないかもしれないが，複数の音を重ね合わせるときに意味が出てくるとだけ覚えておこう。

2.1.3　波の重ね合わせとフーリエ変換

ばねの動きは単振動で表すことができるが，実際の太鼓では，質量は膜全体に分散しており，運動方程式はずっと複雑になる。しかしその場合でも，「変

位に比例する逆向きの力が働けば，三角関数で振動する」という性質は変わらない。それでは何が変わるかというと，関係する三角関数が一つではなく，たくさんになるのである。

試しにいくつかのサイン波とコサイン波を足し合わせてみよう。**図 2.3** の波形は

$$x = \sin 200\,\pi t + \frac{1}{2}\cos 400\,\pi t + \frac{1}{3}\sin 600\,\pi t + \frac{1}{4}\cos 800\,\pi t \qquad (2.6)$$

という式で表される関数を図示したものである†1。いろいろな三角関数が混ざっているが，なんとなく周期的な波形ができているのがわかる。

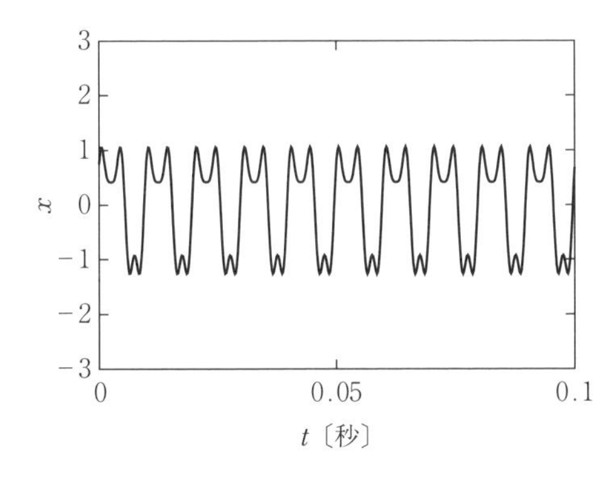

図 2.3　三角関数の重ね合わせ

19 世紀初頭にフランスで活躍した数学者のフーリエは，「すべての関数は三角関数の和として表すことができる」ということを発見した†2。その証明は省略するが，この発見により，音の波を，さまざまな周波数のサイン波・コサイン波の足し合わせとして理解することが可能になった。特に，周期 T で同じ波形を繰り返す関数 $x(t)$ は，以下の**フーリエ級数**（Fourier series）で表すことができる。

---

†1　この図では縦軸は本来「空気の疎密の程度」を表し，圧力の次元を持つはずであるが，一般的な音声処理ではマイク素子により電圧に変換し，さらに A-D 変換によりディジタル化した後の振幅を扱うため無単位とすることが多く，本書でもその記法に従う。

†2　実際には「すべての関数」というのは少々言い過ぎだが，物理現象として現れるような自然な関数については，事実上すべての場合で成り立つと思ってよい。

$$x(t)=\sum_{k=0}^{\infty}\left(A_k\cos\frac{2\pi kt}{T}+B_k\sin\frac{2\pi kt}{T}\right) \tag{2.7}$$

この式は，音波の時間変化 $x(t)$ が与えられれば，それを周波数 k/T（$k=0,1,2,\cdots$）のサイン波・コサイン波の和として表すための重み $\{A_k\}$，$\{B_k\}$ が自動的に決まるということを示している。具体的には以下のようにすればよい。

$$A_k=\frac{2}{T}\int_{-T/2}^{T/2}x(t)\cos\frac{2\pi kt}{T}dt \tag{2.8}$$

$$B_k=\frac{2}{T}\int_{-T/2}^{T/2}x(t)\sin\frac{2\pi kt}{T}dt \tag{2.9}$$

ちなみに $k=0$ の場合は特別で

$$A_0=\frac{1}{T}\int_{-T/2}^{T/2}x(t)dt \tag{2.10}$$

は**直流成分**と呼ばれる。また B_0 はつねに 0 となる。

式 (2.7) は，k が飛び飛びの値をとることからフーリエ「級数」と呼ばれる。しかし，T の値をどんどん大きくしていけば，隣り合う周波数の差 $1/T$ は 0 に近づいていき，それとともに級数の和は積分に置き換えられ，A_k，B_k は連続的な関数 $A(f)$，$B(f)$ となる。このような変換を**フーリエ変換**（Fourier transform）と呼ぶ。厳密な数学的議論をする場合には，周波数が離散的か連続的かで扱いが変わってくるが，実用上は離散値での処理が行えれば十分であり，また，フーリエ級数を求めることをフーリエ変換と呼ぶことも多い。

じつは，人間の耳の中でもこのフーリエ変換が行われている。内耳にある「蝸牛（かぎゅう）」という器官は，その名のとおりカタツムリのような形をしていて，その管の中を音が通っていく。そのときに，管の太さによって共鳴する周波数が変わり，それぞれ異なる聴覚神経を刺激するのである。ちなみに人間の聴覚は，低音は周波数 20 Hz 程度，高音は 20 000 Hz（20 kHz）程度まで知覚可能と言われているが，特に高い音は加齢とともに聞き取れなくなっていく傾向がある。

さて，ここで図 2.3 の波形を「観測」により得たとしてみよう。同じ波形が 0.01 秒ごとに繰り返していることがわかるので，$T=0.01$ sec として観測した

データを式 (2.8)，式 (2.9) に代入すれば

$$\{A_k\} = \left\{0, 0, \frac{1}{2}, 0, \frac{1}{4}, 0, 0, \cdots\right\} \tag{2.11}$$

$$\{B_k\} = \left\{0, 1, 0, \frac{1}{3}, 0, 0, 0, \cdots\right\} \tag{2.12}$$

という値が得られるはずである。$k=\infty$ まで確かめることはできないが，十分に大きな k に対しては，A_k も B_k も 0 になりそうだということも，なんとなく推測できるだろう。

ところで，式 (2.7) において同じ k で表される sin と cos は，同じ周波数の音の位相がずれているだけなので，二つ合わせて以下のように変換できる。

$$A_k \cos\frac{2\pi kt}{T} + B_k \sin\frac{2\pi kt}{T} = X_k \sin\left(\frac{2\pi kt}{T} + \theta_k\right) \tag{2.13}$$

$$X_k = \sqrt{A_k^{\ 2} + B_k^{\ 2}} \tag{2.14}$$

$$\sin\theta_k = \frac{A_k}{X_k} \tag{2.15}$$

$$\cos\theta_k = \frac{B_k}{X_k} \tag{2.16}$$

この式から，実際に重要なのは合成した波の振幅 X_k であることがわかる。そこで，k と X_k との関係をグラフにしてみる。せっかくなので，横軸は k の代わりにそれを T で割った値にしてみよう。これは周波数 f そのものである。また，縦軸も X_k の代わりに $X_k^{\ 2}$ にしてみよう。これは振幅の 2 乗なので，その成分が持っているエネルギーを表している。このように，周期的な関数 $x(t)$ は，離散的な周波数を持つさまざまな三角関数の重み付き和として表すことができる。

図 2.4 のように，それぞれの周波数を持つ成分の重みをデータ化したものを，その波形の**スペクトル**（spectrum）と呼ぶ†。

† A_k と B_k を別々に扱う場合，複素平面において A_k を実成分，B_k を虚成分として扱うと便利なことから，これを複素スペクトルと呼ぶ。複素スペクトルとの区別が必要な場合，図 2.4 をパワースペクトルと呼ぶ。

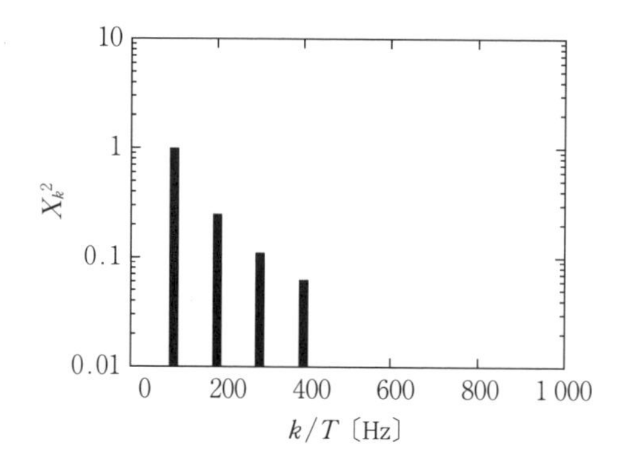

図 2.4　図 2.3 の波形に対応するスペクトル

2.1.4　スペクトログラム

ここまでは，ある一定の形をした波形が，同じように繰り返される音を扱ってきた。このような音を「定常的」であるという。私たちの身の回りの音も，10 ミリ秒とか 20 ミリ秒とかの長さで見ると，だいたい定常的と思ってよい場合が多い。一方，もう少し長い時間スケールで見た場合，当然のことながら音の波形は時々刻々と変わっていく。例えば，ピアノで「ドレミ」と弾いた場合，それぞれの音が鳴っているあいだは定常的だが，音階が変わるところでは非定常的になる。

それでは，10 ミリ秒の範囲でしか定常的でない音を，どのようにしてスペクトルに変換すればよいのだろうか。答は簡単で，その 10 ミリ秒のデータにしか興味がないのであるから，それ以外のデータはすべて捨ててしまえばよい。そのうえで，対象となる 10 ミリ秒のデータが，前後の時間も同じように繰り返していると仮定してしまえばよいのである。

図 2.5 に**短時間スペクトル**を求める手順を示す。抽出した波形をそのまま繰り返すと，右端と左端の振幅は必ずしも似たような値にはならないため，接合部での不連続性によって不自然なスペクトルが得られてしまう。このような不連続性を避けるために，対象区間の両端の値を徐々に小さくしていく「**窓掛け**（windowing）」という処理を加えることが多い。もちろんこうした処理によって音質は変化するが，その影響はさほど大きくない。

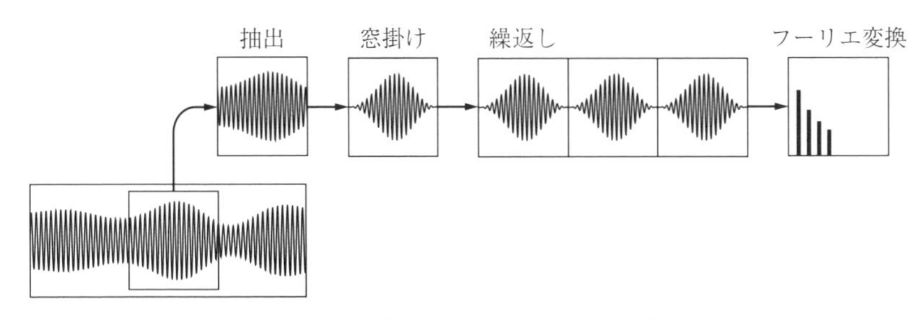

図 2.5　短時間スペクトルを求める手順

このようにして得られたスペクトルは，図 2.5 で最初に「抽出」された音の様子を表しているにすぎない。時々刻々と変わっていく音の様子を調べるためには，抽出する対象を少しずつずらして同じことを繰り返す必要がある。例えば，最初に 0 ミリ秒から 10 ミリ秒までの区間を抽出したのであれば，つぎは 10 ミリ秒から 20 ミリ秒，そのつぎは 20 ミリ秒から 30 ミリ秒といった具合に抽出していけば，すべての信号に対して処理を行うことができる。こうした処理を**フレーム処理**といい，抽出されたそれぞれの区間は**フレーム**と呼ばれる。

ただし，実際のフレーム処理は，隣り合ったフレームの一部が重なり合うように行うことが多い。これは，窓掛けを行うことによりフレームの両端付近の信号が軽視されてしまうためである。例えば，1 番目のフレームが 0 ミリ秒から 10 ミリ秒，2 番目のフレームが 5 ミリ秒から 15 ミリ秒，3 番目のフレームが 10 ミリ秒から 20 ミリ秒というようにすれば，あるフレームで両端付近となった信号も隣のフレームでは中心付近にきており，すべての信号を平等に扱うことができるようになる。

こうして得られた各フレームに対するスペクトルをつぎつぎと並べていくことにより，長時間の波形におけるスペクトルの移り変わりを表示することが可能となる。短時間の波形に対するスペクトルは 2 次元で表現されるので，これをさらに時間方向に並べたものは，3 次元データとして表されることになる。実際には，高さの軸を色の違いで表すことにより，2 次元上にスペクトルの時間変化の様子を表すことができる。こうして得られた 3 次元グラフを**スペクトログラム**（spectrogram）と呼ぶ。**図 2.6** は，ピアノで「ドレミ」と弾いた音

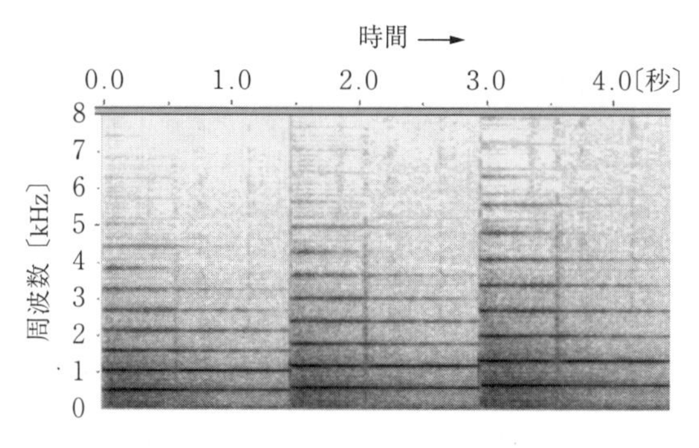

図 2.6　ピアノの音のスペクトログラム

のスペクトログラムの例である。

2.1.5　サンプリング

これまで，音を観測するときの時間を表す変数 t は連続量であるとして扱ってきた。しかし，コンピュータで音を扱う際には，飛び飛びのタイミングで音をデータ化せざるをえない。このように，連続量のうち飛び飛びの値だけを取り出しそれで全体を代表させることを，**サンプリング**（sampling）という。また，こうして取り出した飛び飛びの値を**サンプル**（sample）と呼ぶ。さらに，時間を離散化するだけでなく音波の振幅の大きさも離散化する必要がある。時間と音の振幅の両者を含めて，連続値を離散値に置き換えることを**アナログ–ディジタル変換**，もしくは **A–D 変換**という。

サンプリングを行う際には，1 秒間にいくつのサンプルが含まれるかが重要である。この値を**サンプリング周波数**（sampling frequency）と呼ぶ。サンプリング周波数の逆数は隣り合うサンプルの間の時間間隔であり，これをサンプリング周期と呼ぶ。**図 2.7** は，周波数 300 Hz のサイン波（a）を，サンプリング周波数 400 Hz でサンプリングした様子（b）を表している。このとき，各サンプルを滑らかにつなぐと（c）のようになるが，この波形はじつは周波数 100 Hz に相当するものである。

このように，隣接するサンプル間の時間が元の音の振動に比べて長過ぎる

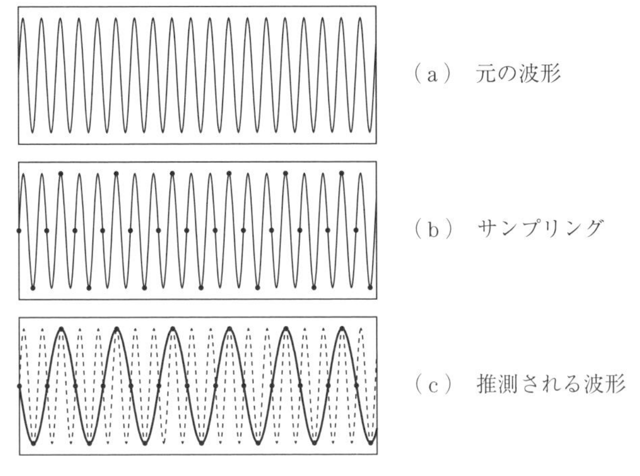

図 2.7 サンプリング周波数による波形の見え方の変化

と，音の周波数を正しく表現することができない。こうした現象を**エイリアシング**（aliasing）という。実際には，f〔Hz〕の音波を正しく表現するためには，$2f$〔Hz〕以上のサンプリング周波数でサンプリングを行う必要があることが知られている。この性質は**標本化定理**と呼ばれている。また，サンプリング周波数の半分の周波数を**ナイキスト周波数**（Nyquist frequency）と呼ぶ。

コンパクトディスク（CD）など，商用のディジタル音楽では 44.1 kHz というサンプリング周波数が使われていることが多い。この場合，標本化定理により 22.05 kHz までの音が表現可能であり，人間の可聴域を十分にカバーしている。一方，電話で伝わる音声のサンプリング周波数は 8 kHz なので，原理的に 4 kHz までの音しか伝えることができない。電話の声がなんとなくこもっているように聞こえるのはこのためである。

サンプリングを行った後の音の波形は，離散的な値をとる時刻 n を使って $x(n)$ と表されるが，これをフーリエ変換する場合も式 (2.7) と同じような形が使える。ただし

$$x(n)=\sum_{k=0}^{N-1}\left(A_k\cos\frac{2\pi kn}{N}+B_k\sin\frac{2\pi kn}{N}\right) \tag{2.17}$$

となり，重み $\{A_k\}$，$\{B_k\}$ は以下で求められる。

$$A_k = \frac{1}{N}\sum_{n=0}^{N-1} x(n)\cos\frac{2\pi kn}{N} \tag{2.18}$$

$$B_k = \frac{1}{N}\sum_{n=0}^{N-1} x(n)\sin\frac{2\pi kn}{N} \tag{2.19}$$

ただし，Nは図2.5で抽出した区間に含まれるサンプルの数である。

また，式(2.13)を得たときと同じ変形を行えば，式(2.14)～式(2.16)を使って

$$x(n) = \sum_{k=0}^{N-1} X_k \sin\left(\frac{2\pi kn}{N} + \theta_k\right) \tag{2.20}$$

と表すこともできる。

式(2.7)では$k=\infty$までの和をとる必要があったが，式(2.20)では$k=N-1$までの和しかとっていない。これは，サンプリングを行ったため，ナイキスト周波数より高い周波数成分を考える必要がなくなったことに対応している。実際には，ナイキスト周波数に対応するのは$k=N/2$であるが

$$A_{N-k} = A_k \tag{2.21}$$

$$B_{N-k} = -B_k \tag{2.22}$$

という性質があるため，$k>N/2$の成分は冗長な情報しか持っていない。

なお，式(2.18)，式(2.19)によるフーリエ変換の計算は理論的には明快であるが，N個の係数を求めるのにおよそN^2回の演算が必要であり，必ずしも効率的とはいえない。これに対して，Nが2のべき乗である場合に，およそ$N\log N$回の演算でN個の係数を求められるアルゴリズムが知られており，**高速フーリエ変換**（fast Fourier transform，**FFT**）と呼ばれている。

2.1.6 畳み込み演算と伝達関数

部屋の中で発せられた音を，少し離れた場所のマイクで録音する状況を考えてみよう。観測時刻nに音源が発している音の強さを$x(n)$としたとき，そこからマイクまで一直線に伝わってくる音（直接音）は，以下の式で表される。

$$y_1(n) = c_1 x(n-\tau_1) \tag{2.23}$$

ただし，c_1 は音源からの距離に反比例して音圧が減衰したことを表す値，τ_1 は音源からの距離を音が進むのにかかる時間である[†]。つぎに，音源から出た音が一旦天井に当たり，跳ね返ってマイクの位置に到達した場合の音を，以下の式で表す。

$$y_2(n) = c_2 x(n - \tau_2) \tag{2.24}$$

このケースでは，係数 c_2 の値には，距離による減衰に加えて天井による反射係数の影響も繰り込まれている。また，位相遅れ τ_2 にも，天井経由の到達時間に加えて，反射時の位相のずれも繰り込まれている。いずれにせよここで重要なのは，直接音とは異なる振幅と位相とを持った音が，マイクの位置に伝わるということである。そしてこれは，壁や床での反射，家具や人体での反射，さらには複数の物体で連続して反射された音などについても同様である。

実際にマイクで観測される音は，これらすべての和である。直接音に比べて反射音の強度が大きく，なおかつある程度の時間遅れがあると，いわゆる「エコーのかかった」音に聞こえる。風呂場での歌声や空港のアナウンス音が独特の雰囲気に聞こえるのは，このためである。このようにして得られる，直接音・反射音すべての和を式で表すと

$$\begin{aligned} y(n) &= y_1(n) + y_2(n) + y_3(n) + \cdots \\ &= c_1 x(n - \tau_1) + c_2 x(n - \tau_2) + c_3 x(n - \tau_3) + \cdots \\ &= \sum_{l=0}^{L} h(l) x(n - l) \end{aligned} \tag{2.25}$$

となる。ただし。$h(l)$ は $\tau_i = l$ となるような i に対応する c_i の総和である。実際には，直接音の到達時間より小さい k に対する $h(l)$ は0になるが，それらも含めて式(2.25)のような書き方をする。また，本来ならば l は無限大まで和をとるべきであるが，到達時間が十分に長い音はその分振幅も小さくなるため，適当な L を定めて，それより大きい l の成分を無視することにしても実用

---

† 実際には，所要時間がサンプリング周期の倍数にならないことが多く，その場合は τ_1 に近いいくつかの整数を使って近似を行う必要がある。しかし，そのような場合でも上記の議論の本質はほとんど変わらない。

上は問題が生じない。

こうして得られた式 (2.25) は，いわゆる**畳み込み演算**の形をしており，原音信号 $x(n)$ に対して畳み込む関数 $h(l)$ を**インパルス応答** (impulse response) と呼ぶ。また，音源から観測点までの音の伝搬現象に限らずより広い意味で，式 (2.25) のような畳み込み演算で信号 $x(n)$ を信号 $y(n)$ に変化させる場合，$h(l)$ を，**フィルタ** (filter) と呼ぶ。また L をフィルタの**タップ数**と呼ぶ。

フーリエ変換の理論では，変換前には畳み込み演算として表されていたものが，変換後には積の形で表されることが知られている (**畳み込み定理**)。畳み込み定理を使って式 (2.25) をフーリエ変換すると

$$y(n)=\sum_{k=0}^{N-1} H_k X_k \sin\left(\frac{2\pi kn}{N}+\theta_k+\phi_k\right) \tag{2.26}$$

という式が得られる。ただし，$h(l)$ から H_k と ϕ を得る手順は，$x(n)$ から X_k と θ を得た手順と同じである。この式と，$y(n)$ のフーリエ変換の定義式である

$$y(n)=\sum_{k=0}^{N-1} Y_k \sin\left(\frac{2\pi kn}{N}+\psi_k\right) \tag{2.27}$$

を比較すると

$$Y_k = H_k X_k \tag{2.28}$$

$$\psi_k = \theta_k + \phi_k \tag{2.29}$$

という簡単な関係式が見つかる。インパルス応答をフーリエ変換して得られる $\{H_k, \phi_k\}$ の組を**伝達関数**と呼ぶ。

2.1.7　音の複素数表現

畳み込み定理により，フーリエ変換した後の表現では伝達関数が積の形で作用することがわかった。これは非常に有用な性質であるが，式 (2.26) を見たときに，sin の中に入っている位相の部分が気にならないだろうか。ここでは θ_k に対して ϕ_k が和として作用している。振幅と位相とで，作用の仕方が異なるのはわかりにくい。じつは，複素数による表現を導入することにより，この

問題がずっとシンプルになる。

以下に示す**オイラーの公式**から始めよう。証明には微積分の知識が必要となるが，ここでは天下りに公式だけを受け入れれば十分である。

$$e^{j\theta}=\cos\theta+j\sin\theta \tag{2.30}$$

ただしjは虚数単位である。これを用いて式 (2.20)，式 (2.26) を書き換えると，以下のようになる。

$$x(n)=\sum_{k=0}^{N-1}\mathrm{Im}\left[X_k e^{j\left(2\pi kn/N+\theta_k\right)}\right] \tag{2.31}$$

$$\begin{aligned} y(n)&=\sum_{k=0}^{N-1}\mathrm{Im}\left[H_k X_k e^{j\left(2\pi kn/N+\theta_k+\phi_k\right)}\right] \\ &=\sum_{k=0}^{N-1}\mathrm{Im}\left[H_k e^{j\phi k} X_k e^{j\left(2\pi kn/N+\theta_k\right)}\right] \end{aligned} \tag{2.32}$$

Im は複素数から虚数部だけを取り出す演算子である。式 (2.31) と式 (2.32) とを比べると，k番目の周波数成分が$h(l)$の存在によって$\{H_k e^{i\phi k}\}$倍になっていることがわかるであろう。すなわち，位相部分も含めて畳み込みの効果がすべて積として表されることになった†。式 (2.28)，式 (2.29) についても

$$Y_k e^{j\psi k}=H_k e^{j\phi k}X_k e^{j\theta k} \tag{2.33}$$

と表すことができる。

式 (2.33) を得るまでの数学的な議論は面倒ではあるが，得られた結論はシンプルであり，なおかつ汎用的である。実際に音が伝わる環境では，音が反射により伝わる経路は無数にあり，それらを個別に分析することはきわめて困難である。これに対して式 (2.33) が示唆していることは，そのような伝達の影響をすべて足し合わせたものが，とにかく一つの伝達関数として表されること，そしてそれは各周波数成分に対して積として作用する（振幅に対しては増幅率として作用する）ということである。

すなわち，実験的な音響信号処理の立場からすると，測定により伝達関数を推測することができれば，音の伝搬についてはそれで必要かつ十分ということ

† 指数関数の性質（$e^x e^y=e^{x+y}$）を思い出すこと。

である。

2.2 エコーキャンセラ

2.2.1 エコーの発生とハウリング

音響インタフェースの代表的な実用例として，音声通話装置を考えてみよう。通話というからには，自分と通話相手の両方の声をやりとりする必要がある。**図 2.8** は，音声通話装置での音の流れを模式化した図である。話者 1 が話した声はマイク 1 で取り込まれ，通信経路を経てスピーカ 2 で再生される。その音は空気中を伝搬し†，話者 2 の声を取り込むために用意されたマイク 2 に入り込む。その音は通信経路を経てスピーカ 1 で再生され，再びマイク 1 に入り込み，以下ずっと同じことが繰り返される。

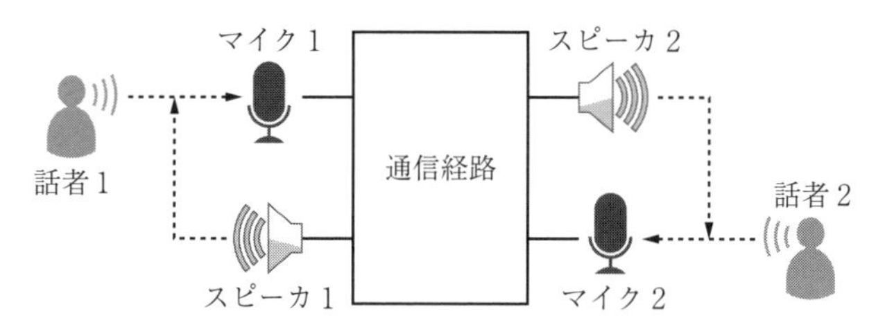

図 2.8　音声通話装置での音の流れ

このようにして音が循環していくことの問題点はなんだろうか。大きく以下の二つが考えられる。

1. 音にエコーがかかって聞き取りにくくなる。
2. ハウリングが起こる。

前節でも述べたように，直接音に十分大きな反射音が加わるとエコーがかかって聞こえる。一般には，壁や天井，あるいは山などの物理的な存在によって反射され，直接音よりも遅れて届く音を「エコー」と呼ぶが，ここでは，通

† 空気中の伝搬だけでなく，装置内で送話側から受話側に電気的な回り込みが生じる場合もある。

信経路を経由することによって直接音よりも遅れて届く音を「エコー」と呼ぶ。ある程度のエコーは音質を変えるだけだが，あまりエコーが強くなり過ぎると，声そのものが聞き取りにくくなってしまう。

さらに大きな問題となるのがハウリングである。仮にマイク1からスピーカ1への電気的な増幅率を r_1，スピーカ1からマイク2までの伝搬時の減衰率を r_2，マイク2からスピーカ1への増幅率を r_3，スピーカ1からマイク1への減衰率を r_4 としよう。マイク1が直接取り込んだ話者1の声の振幅を A とすると，通信経路を1周して再度取り込んだ声の振幅は，$r=r_1 r_2 r_3 r_4$ として，Ar となる。2周後の振幅は Ar^2，3周後の振幅は Ar^3 という具合である。このとき，$r>1$ となっていると，周回を重ねるごとに音量が増していき，やがて装置の処理能力を超えてしまう。このような現象を**ハウリング**と呼ぶ。

2.2.2 エコーサプレッサ

エコーに起因する問題の中でも，特に弊害の大きいハウリングを防止するためには，大きく二つの方法がある。一つはハウリングが起きそうな状況を検知し，その場合には通話を部分的に遮断してしまうというものである。もう一つは，マイクが受信した音響信号のうちスピーカから回り込んだ成分を推定し，その分を減算するというものである。前者を**エコーサプレッサ**（echo suppressor），後者を**エコーキャンセラ**（echo canceller）と呼ぶ。エコーキャンセラは，ハウリング防止だけでなく，エコーによる音質劣化の防止にも役立つ。

携帯電話の普及前は電話といえば固定電話であったが，そこでは大きなハンドセットが使われていて，スピーカは耳のすぐ横，マイクは口のすぐ前にあった。このような場合，回り込む音に比べて話者の声の音量が圧倒的に大きいので，エコーやハウリングの問題はほとんどない。

一方，屋外などで使われるトランシーバでは，スイッチによりどちらの通話者の声を伝えるかを選択する，いわゆる**半二重**の通信方式がとられた。つねに双方向の音声を送受信している**全二重**方式とは異なり，半二重方式では両通話者間で音が循環することはない。手動による半二重方式は，最も原始的なエコーサプレッサと言ってもよいだろう。

現代の多くの通信機器では，エコー抑止のための通信遮断を行うかどうかを，自動的に切り替えるエコーサプレッサが使われている。その基本原理を**図 2.9** に示す。

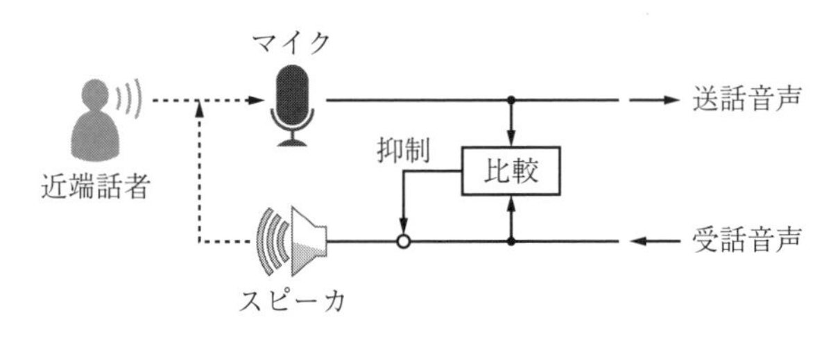

図 2.9　エコーサプレッサの原理

ここで示すエコーサプレッサでは，受話音声と送話音声の音量を比較し，近端（装置のある側）の話者が話しているかどうかを推定することが基本である。近端話者が話していると推定された場合には，受話側音声の再生音量を抑制し，回り込みが小さくなるようにする。このとき，送話側音声を完全にオフにする（いわゆる**音声スイッチ**）こともあるし，エコーが邪魔にならない程度まで音量を絞る場合もある。また，通常通話状態のときに聞こえていた小さな雑音が，エコーサプレッサが有効になったとたんにまったく聞こえなくなり，装置が故障したかのような印象を与えてしまうことがある。

このような印象を与えないため，エコーサプレッサ動作時にあえて小さな雑音を付加して再生することもある。なお，このような仕組みは通信の相手側にも備わっていることが多いが，原理的には片方だけに存在すればハウリングを防止することができる。

エコーサプレッサの問題は，送話側と受話側の音量比較がときとして望ましくない推定を行ってしまうことである。例えば，近端話者の後方でなんらかの雑音が発生した場合，これを「近端話者が話し始めた」と判断して受話側の声を抑制してしまうことがある。また，遠端（通信相手側）の話者が話し始めてから，音量比較部が「受話側の音量の方が大きい」と判定するまでには，数ミリ秒から数十ミリ秒程度の時間がかかってしまうため，遠端話者の言葉の文頭部分が聞こえなくなってしまうこともある。

2.2.3 エコーキャンセラの原理

エコーサプレッサが，受話音声全体を抑制してエコーの発生を防止するのに対し，エコーキャンセラでは，受話音声と近端話者の声が一旦は混ざってしまうことを許容し，そのうえで再度送話音声からエコーを除去することを試みる。これを図にすると**図 2.10** のようになる。

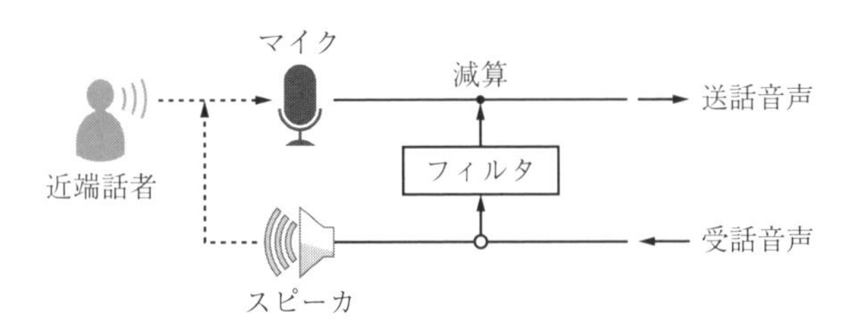

図 2.10 エコーキャンセラの原理

音では重ね合わせの原理が成り立つので，加算されたものを除去するには減算すればよい。スピーカからどんな音が出るかはわかっているので，減算するだけなら簡単だと思うかもしれないが，じつはそうでもない。ここで注意すべきなのは，スピーカから発せられた音とマイクで取り込まれた音とは，「似ているが同じではない」ということである。つまり，スピーカから出そうとしている音の情報を頼りに，その音がどんなふうに変化してマイクに取り込まれるかを推定し，その結果を送話音声から減算するという仕組みが必要になる。

ここで式 (2.25) を思い出してみよう。ある場所，例えばスピーカの位置で発せられた音 $x(n)$ は，フィルタ $h(l)$ によって変化させられ，その結果 $y(n)$ としてマイクの位置に到達する。ただし，式 (2.25) では単一の音源 $x(n)$ だけを含んでいるのに対し，図 2.10 では近接話者の声（仮に $s(n)$ とする）が加わっており

$$y(n)=s(n)+\sum_{l=0}^{L}h(l)x(n-l) \tag{2.34}$$

とするのが正確だろう。このときフィルタ $h(l)$ は，音を反射させる壁や天井などの様子が変わらない限り一定である。したがって，$h(l)$ の値を正しく推定することさえできれば，時々刻々と変化する $x(n)$ に対しても，つねにこの式の第2項を正しく推定できることになり，その値を $y(n)$ から減算すれば，送話信号には近接話者の声 $s(n)$ だけが含まれることになる。

さて，最後に残った問題はなんだろうか。それは「フィルタ $h(l)$ をどのように推定すればよいのか？」ということである。一般論としては，近接話者の話す内容によってマイクにはどんな音でも入ってくる可能性があり，それはフィルタ推定のヒントにはならないように思える。しかし，実際には近接話者が話している時間というのは意外に短く，それ以外の時間には，スピーカから発せられた音だけがマイクに入ってくる。

つまり，式 (2.34) で $s(n)=0$ となっている時刻 n の信号を集めれば，$h(l)$ によって変化させられた $x(n)$ と $y(n)$ のペアを一定時間分だけ観測できるということである。そして，そこからどうやってフィルタそのものを推定するかというのが，エコーキャンセラのアルゴリズムの中心的な課題ということになる。

2.2.4 誤差最小化による解法

ここからはフィルタ推定の具体的なアルゴリズムを考えてみよう。出発点となるのは，なんらかの方法で $h(l)$ を推定したとき，それがどの程度悪い推定であるかを測る指標となる誤差関数の定義である。まずは，$s(n)=0$ を満たす特定の観測時刻における誤差を考える。

$$\varepsilon(n)=y(n)-\sum_{l=0}^{L}h(l)x(n-l) \tag{2.35}$$

ここで，$\varepsilon(n)$ は離散時間 n だけの関数であるように書いたが，フィルタ $h(l)$ の推定を段階的に進めていく場合，$\varepsilon(n)$ は陰に $h(l)$ の関数であるともいえることに注意が必要である。この誤差を2乗[†]したものの期待値を**誤差関数**と呼び，$h(l)$ の悪さの指標として用いる。ただし，実際に期待値を求める

† 2乗せずに足すと，符号が異なる誤差が打ち消し合ってしまう。

ことはできないので，観測データに対する $\varepsilon^2(n)$ の平均で代用する。

$$
\begin{aligned}
J = E\left[\varepsilon^2(n)\right] &\approx \frac{1}{N}\sum_{n=0}^{N-1} e^2(n) \\
&= \frac{1}{N}\sum_{n=0}^{N-1}\left\{y(n) - \sum_{l=0}^{L} h(l)\,x(n-l)\right\}^2
\end{aligned}
\tag{2.36}
$$

ただし N は観測できたデータのサンプル数である[†]。この式からもわかるとおり，J もまた $h(l)$ の関数である。数学的には，式 (2.36) は変数ベクトル $h(l)$ の二次形式という形をしており，一般的には最小値 $J_{\min}$ をとるような $h(l)$ の値 $h_{opt}(l)$ がただ一つ存在する。

$h_{opt}(l)$ の値を厳密に求めるには，式 (2.36) を $h(l)$ の各成分で微分した値を 0 と置けばよい。例えば，q 番目の成分 $h(q)$ で微分してみよう。

$$
\frac{\partial J}{\partial h(q)} = -\frac{2}{N}\sum_{n=0}^{N-1}\left\{y(n) - \sum_{l=0}^{L} h(l)\,x(n-l)\right\}x(n-q) \tag{2.37}
$$

この値に $h_{opt}(l)$ を代入すると値が 0 になることから，以下の式を得る。

$$
\frac{1}{N}\sum_{n=0}^{N-1}\sum_{l=0}^{L} h_{opt}(l)\,x(n-l)\,x(n-q) = \frac{1}{N}\sum_{n=0}^{N-1} y(n)\,x(n-q) \tag{2.38}
$$

この式がすべての q に対して成り立つとすると，それらをまとめて行列の形で書くことができる。

$$
\boldsymbol{R}\boldsymbol{h}_{opt} = \boldsymbol{p} \tag{2.39}
$$

ただし，$\boldsymbol{h}_{opt}$ は $h_{opt}(l)$ を成分に持つベクトルである。また $\boldsymbol{R}$ は以下で定義される行列で，**自己相関行列**と呼ばれる。

$$
R_{ij} = \frac{1}{N}\sum_{n=0}^{N-1} x(n-i)\,x(n-j) \tag{2.40}
$$

同様に，$\boldsymbol{p}$ は以下で定義されるベクトルで，**相互相関ベクトル**と呼ばれる。

$$
p_i = \frac{1}{N}\sum_{n=0}^{N-1} y(n)\,x(n-i) \tag{2.41}
$$

---

† この式をよく見ると，$x(-L)$ から $x(-1)$ までの未定義の値が使われていることに気づくはずである。これらについては，$x(-n)=x(N-n)$ として定義し直したり，総和をとる範囲を狭めたりするなどして対応可能であるが，本質的な議論には影響しないので詳しい説明は省略する。

式 (2.39) を解くためには，自己相関行列の逆行列を使って

$$\boldsymbol{h}_{opt} = \boldsymbol{R}^{-1}\boldsymbol{p} \tag{2.42}$$

とすればよい。

式 (2.42) は簡潔な式であるが，問題は自己相関行列 $\boldsymbol{R}$ の逆行列を求めなければならないことである。$\boldsymbol{R}$ の次元がいくつになるかは機器が設置された場所の音響環境によるが，例えばエコーが 0.5 秒間は聞こえ続けるような部屋で 8 Hz サンプリングの機器を使った場合，$\boldsymbol{R}$ の次元は 4 000 となる。このような行列の逆行列を求めるには，かなりの計算量が必要とされることは想像に難くないであろう。

誤差 $e(n)$ の定義を導入したついでに，エコーキャンセラの性能を表す指標である **ERLE**（echo return loss enhancement）についても述べておこう。これは，マイクからエコー以外の信号が入ってこないという条件で求めたマイク入力音量と送話音量との比であり

$$ERLE = 10\log_{10}\frac{\sum_{n=0}^{N-1} y^2(n)}{\sum_{n=0}^{N-1} e^2(n)} \tag{2.43}$$

で求められる。例えば市販の遠隔会議装置などでは，良好な環境であれば 30 ～ 45 dB 程度の $ERLE$ が得られると言われている。

2.2.5　LMS アルゴリズム

前項では，誤差関数 J が最小値 $J_{\min}$ をとるような $h(l)$ の厳密解を求める方法を示した。しかしこの方法には計算量が大きいという問題があり，実用には適さないことも多い。そこで本項では，これに変わる近似解法の一つである **LMS アルゴリズム**（least mean square algorithm：**最小二乗誤差アルゴリズム**）を紹介する。

LMS アルゴリズムは，**最急降下法**と呼ばれるアルゴリズムの一種である。推定中の変数 $h(l)$ に対して誤差関数 J の値が求められるとき，それをなるべく減らす方向に $h(l)$ を変化させていく。$h(l)$ で定義される空間の中で，J が

等高線のような役割を果たしていると考えれば，そこで最も急な勾配で降りていく方向は，J を $h(l)$ で偏微分してマイナス1を掛けることによって求められる。つまり，現在の $h(l)$ に対し，そのような最急降下の方向への変化を加えてやればよいということになる。式で表すと

$$\boldsymbol{h} \leftarrow \boldsymbol{h} - \mu \frac{\partial J}{\partial \boldsymbol{h}} \tag{2.44}$$

となる。矢印は，推定の1ステップが進むごとに，右辺を左辺に代入することを表す。右辺第2項が具体的にどういう形になるかは，式 (2.37) を参照すればよい。

式 (2.37)，式 (2.44) を用いることにより逆行列の計算が不要になった。しかし，これでも観測点 N 個分の処理を繰り返すのは大きな負担である。そこでLMSアルゴリズムでは，$N=1$ として，最新の観測点のみで誤差関数を定義し，そこでの最急降下の方向に $h(l)$ を変化させる。これはもちろん大幅な近似の導入ということになるが，実際にはこうした近似を行っても，$h(l)$ は最適解に向けて収束していくということが知られている。LMSアルゴリズムでの $h(l)$ の更新式を成分ごとに書くと

$$h(q) \leftarrow h(q) - 2\mu\left\{y(n) - \sum_{l=0}^{L} h(l)\, x(n-l)\right\} x(n-q) \tag{2.45}$$

となる。あるいは，式 (2.35) と合わせて

$$h(q) \leftarrow h(q) - 2\mu\varepsilon(n)\, x(n-q) \tag{2.46}$$

と書くこともできる。

これらの更新式はいずれも単体で最適解を得られるものではなく，あくまでも「現在よりも良い方向に」少しずつ変化させるものである。更新の方向は誤差関数の勾配 $\partial J/\partial \boldsymbol{h}$ で決まる。そしてその方向にどれくらい更新するかを決めるのが，ステップサイズと呼ばれる μ の値である。μ の値を大きくすると1回の更新での変化が大きくなるため，最適値に近づくスピードは速くなるが，ときに「行き過ぎ」が生じてしまい更新が不安定になる。逆に μ の値を小さくすると最適値へ向けての変化は安定的であるが，そのスピードは遅くなる。

LMS アルゴリズムの収束速度を改善するための研究は数多く行われているが，代表的な例が **NLMS**（normalized least mean square）アルゴリズムと呼ばれるもので，その更新式は以下で表される。

$$h(q) \leftarrow h(q) - \frac{2\mu}{\sigma_x^2} e(n)\, x(n-q) \tag{2.47}$$

ただし，σ_x^2 は参照信号 $x(n)$ の 2 乗の期待値である。これはすなわち，参照信号が大きいときにはステップサイズを小さく，逆に参照信号が小さいときにはステップサイズを大きくすることによって，適度な変化量を確保することになっている。なお σ_x^2 の計算は，これまでと同じように観測値の平均で置き換えることにして

$$\sigma_x^2 = \frac{1}{L} \sum_{l=0}^{L} x^2(n-l) \tag{2.48}$$

としてもよいし，あるいは，適当な忘却係数 α を用いて

$$\sigma_x^2 \leftarrow \alpha \sigma_x^2 + (1-\alpha)\, x^2(n) \tag{2.49}$$

の形で更新していってもよい。また，σ_x^2 の値が極端に小さくなった場合の更新式が不安定になることを防ぐため，式 (2.47) の代わりに

$$h(q) \leftarrow h(q) - \frac{2\mu}{\sigma_x^2 + c} e(n)\, x(n-q) \tag{2.50}$$

という更新式を用いる場合もある。この場合には，μ だけでなく c の値の設定にも注意が必要である。

2.2.6 非線形エコーキャンセラ

図 2.10 で示した方式のエコーキャンセラでは，時間変化のない安定した環境で十分なデータ量と十分な計算時間とがあれば，きわめて高精度のエコー除去が可能となる。しかし，これを逆にいうと，環境が時間とともに少しずつ変化したり十分なデータ量や計算時間がない場合などには，送話音声にエコーが残ってしまうこともある。そこで，そのような残留エコーを除去するために，図 2.10 のフィルタの後段に FFT によるスペクトルへの変換を導入する（**図**

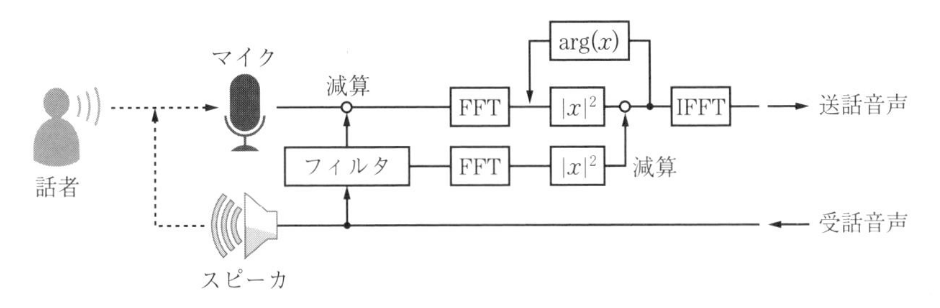

図 2.11　非線形エコーキャンセラの原理

2.11）。

式 (2.20) をもとに考えてみよう。この式で得られる $\{X_k\}$ と $\{\theta_k\}$ がすべてあれば，FFT の逆演算（inverse fast Fourier transform，IFFT）によって元の波形を復元することができる。ここで，θ_k はそのままに，X_k を変形して残留エコーの成分を除去し，その後で IFFT によって波形を復元することを試みる。図中で $|x|^2$ とあるのが X_k の 2 乗を得る処理，arg (x) とあるのが θ_k を得る処理である。X_k の変形とは具体的に何をするのかというと，同じようにして得られた疑似エコー（参照信号 $x(n)$ にフィルタ $h(l)$ を畳み込んだ信号）のスペクトルを減算するのである。このような処理を**非線形エコーキャンセラ**と呼ぶ。またこれと対比して，前節で述べたようなフィルタ型のエコーキャンセラを**線形エコーキャンセラ**と呼ぶ。

波形での減算の代わりにスペクトルでの減算を導入する理由は何か。波形での減算では，わずか数サンプルの推定のずれが音の位相を大きくずれさせ，エコーキャンセラの精度を劣化させてしまう。それに対し，スペクトルの推定は数百サンプル程度をまとめて行うため，そういったずれに対しては頑健になる。もちろん，位相を無視して振幅だけの減算を行えば多少の誤差が入ってしまうことは避けられないが，参照信号とマイク入力との位相が無相関である場合には，振幅だけの減算からのずれは平均してみると打ち消し合ってしまうことが知られている。

このような考えをもとにスペクトル上での残留エコー除去を導入したわけであるが，図 2.11 を見ればわかるように，従来のフィルタによるエコーキャンセラの後に非線形エコーキャンセラをかけると疑似エコーを2回減算することになり，引き過ぎではないかという気がするかもしれない。実際，非線形エコーキャンセラの導入により近端話者の声の一部までもが除去されてしまい，送話音声に不自然な歪(ひず)みが生じてしまうということがある。そうした歪みを避けるために，非線形エコーキャンセラの減算量を調整したり，減算後の振幅に下限値を設けたりといったテクニックが使われることが多い。

いずれにせよ，非線形エコーキャンセラの導入は，エコー除去量の増加というメリットと音の歪みというデメリットのトレードオフがあり，機器が使われる環境において線形エコーキャンセラがどれくらい有効に働いているかをよく調べたうえで，導入の可否を考える必要がある。

2.2.7 ダブルトーク検出

前項までに述べたエコーキャンセラの理論では，「近端話者が話していないとき」のデータが十分に得られることを前提としていた。確かに近端話者がいつも話しているわけではないというのは正しいが，それでは実際にいつなら話していないのかを知るのは，それほど簡単なことではない。

実装が楽になる仮定の一つが，「装置の電源投入時は近端話者は話していない」というものである。普通の使い方であれば，電源投入の瞬間に通話を開始するということはまずないであろう。そうなると遠端話者の声も存在しないわけだが，代わりにシステムが適当な音を鳴らし，そのエコーを観測することでフィルタの初期値を求めるためのデータを取得することができる。

多くのシステムにおいて，電源投入時には十分な準備時間が確保できると考えられる。それならばLMSアルゴリズムのような近似手法ではなく，式(2.42)のような方法で厳密解を求めることも可能かもしれない。しかし，仮にそのような解が得られたとしても，エコーの伝達関数は時間とともに微妙に変化していく。部屋のドアの開け閉めや人間の移動などによっても，音の反射のしかたが変ってくる。室温の変化によって音速が変わり，伝達関数が変化するかもしれない。また，マイクやスピーカの位置を少しでも変えたりすれば，伝達関数が大きく変化することは言うまでもない。

そうしたことを考えると，電源投入時の初期値推定のみならず機器の使用中にも，つねにフィルタの推定を繰り返すことが必要になるだろう。そこで冒頭の問題に戻る。フィルタの推定はいつ行えばよいのだろうか？

遠端話者の声の伝達関数を調べるのだから，まずは遠端話者が話している必要がある。これは，受話音声の音量を調べればよいので簡単にわかる。つぎに，遠端話者が話している時間で，なおかつ近端話者が話していない時間を見つけなければならない。逆にいうと，二人が同時に話していてはだめなわけで，このような時間の検出を**ダブルトーク検出**と呼ぶ。

最も簡単なダブルトーク検出の方法は，エコーキャンセル後の信号強度を調べるものである。その時点でのフィルタの精度がある程度良いものであるならば，遠端話者のみが話しているときには，エコーキャンセル後の信号はほぼゼロになるはずである。逆にいうと，そうならない場合には近端話者が話している可能性が高い。これを式で表すと，式(2.36)で求めたJを使い

$$S_{DT}=\begin{cases}1 & (J \geqq J_{th})\\ 0 & (J < J_{th})\end{cases} \tag{2.51}$$

となる。ただし，S_{DT}はダブルトークの有無を表す変数で，ダブルトークのときに1，シングルトークのときに0とする。また，J_{th}はあらかじめ定めた閾値（いき）である。このほかに，より高度なダブルトーク検出アルゴリズムとして，参照信号とマイク入力の相関値を用いる方法なども提案されている[7]。

ダブルトーク検出で問題となるのは，仮に式(2.51)のS_{DT}の値が大きくなったとしても近端話者の声が入っているのか，それともフィルタの推定精度が悪くて残留エコーが大きくなっているのか，その両者の区別がつきにくいところである。この両者を区別するためには，単にS_{DT}の値だけを見るのではなく，その時間変化の様子を観測することなどが役に立つことも多い。なぜなら，近端話者が突然話し始めることはよくあるが，多くの場合，フィルタの精度は徐々に悪くなっていくものだからである。

2.2.8　エコーキャンセラの実装

ディジタル通信技術の進展に伴い，通信機能から音声入出力機能までのすべてを，**CPU**（central processing unit）上で動作するソフトウェアによって行うケースが増えている。そのため，エコーキャンセラの処理もすべてCPU内のソフトウェアで実現可能であると考えがちであるが，実際にはそうはいかない。これは，音声入出力のタイミングの同期がとれないためである。

ほとんどのオペレーティングシステムでは，CPUが音の再生デバイスに信号を送るとそのデータは一旦バッファリングされたのち，適当なタイミングで再生される。一方，音の取り込みデバイスでも，入ってきた音のデータをバッファリングして，一定量が溜まったらそれをCPUに送る。つまり，CPUは「どんなデータを再生するか」を知ることはできても，「いつ再生するか」を正確に知ることは難しいのである。隣接するサンプルがミリ秒未満しか離れていないような音データを扱う場合，これは致命的である。

そこで，一般的なエコーキャンセラ付き通信機器では，**図2.12**のようなハードウェア構成をとる。受話音声はCPUから再生デバイスに送られ，D-A変換器（DAC）でアナログ信号に変換される。この信号を分離して，スピーカと同時に音声取り込み用のA-D変換器（ADC）にも送る。2チャネル以上に対応した多チャネルA-D変換器では，同時に取り込んだデータの同期をとってCPUに送る仕様になっているため，CPUでは，参照信号と取り込んだ信号の時間関係を正確に把握することができる。

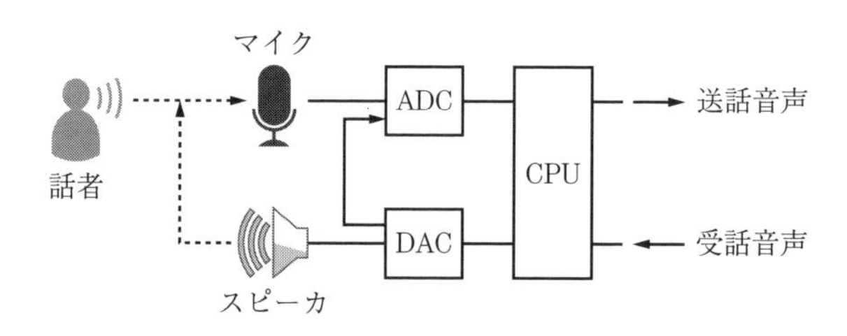

図2.12　エコーキャンセラのハードウェア構成

2.3 マイクロホンアレイ

2.3.1 複数のマイクで取り込んだ音の性質

音声通話装置は，静かな場所ばかりで使われるとは限らない。とはいえ，雑音混じりの声を伝えれば，相手方が聞き取りにくくなってしまうという問題がある。また，近年普及が進んできた音声認識システムも，妨害雑音のある環境では大きく性能が劣化する。これに対し，複数のマイクを並べて使用することにより，通話音声と雑音とを分離することができる。このような目的で複数のマイクを並べた装置を**マイクロホンアレイ**（microphone array）と呼ぶ。最近では，スマートフォンの音質向上のために三つのマイクを搭載しているケースもあり，マイクロホンアレイ技術は身近なものになってきている。

図 2.13 に例を示すが[†]，この例では，通話時には口のすぐ近くにある底面マイクが主マイクとなり，これに対して正面マイクと背面マイクを利用して雑音抑圧を行うのであろう。

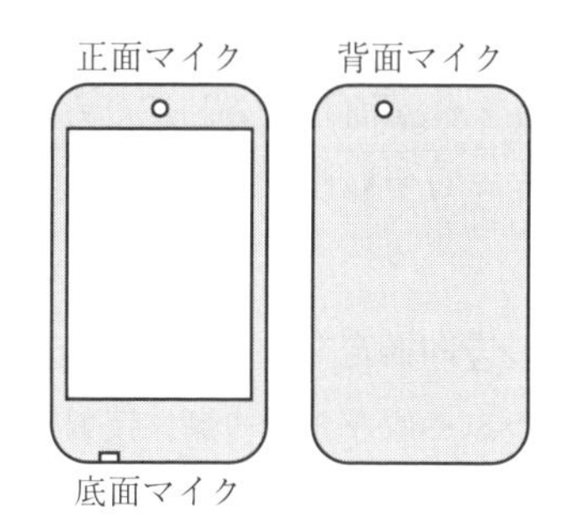

図 2.13　スマートフォンに複数マイクを取り付けた例

人間の耳も右と左とで二つの入力装置があり，一種のマイクロホンアレイということができる。そしてこの両耳を使うことによって，うるさい環境の中でも，自分の話し相手の声だけを抽出して聞き取ることができる。これを**カクテルパーティー効果**という。

それでは人間はどのようにして音を分離しているのか。聴覚に関する研究で

† これは Apple 社の iPhone6 の例である。

は，**両耳間強度差**（interaural intensity difference，**IID**）と**両耳間時間差**（interaural time difference，**ITD**）の二つが，音の方向の検知に役立っていることが知られている。

IIDとは，同じ音源からの音が右耳と左耳とで違う強さに聞こえることである。この差は単純に音源からの距離だけで決まるのではなく，音源から遠い側の耳には，自分の頭部に遮られて音が届きにくいことの影響が含まれる。逆にいうと，音波が回折（回り込み）しやすい低周波数の音では，IIDは出にくくなる。

一方，ITDは，文字どおり音が耳に到着する時間の差を表すものである。音源からの距離が，右耳と左耳とで最大30 cm程度違うとしても，これを音速で割るとたかだか1ミリ秒ほどの違いにしかならない。しかし人間の聴覚は，この1ミリ秒の違いを適切に聞き取ることができる。ただし，時間差を正確に推定するためには，音源からの距離の差が，音の波長の半分よりも短いことが必要である。

つまり，IIDの場合とは逆に，高周波数の音ではITDの効果が得られにくい。これは，$\sin\theta$ と $\sin(2\pi-\theta)$，$\sin(\theta+2\pi)$ が同じ値をとるために区別がつかなくなることに起因しており，**空間的エイリアシング**†と呼ばれる。

人間の聴覚では，IIDとITDそれぞれに別々のニューロンがかかわっており，高い音と低い音に対し，相補的に音の方向推定を行っていると言われている。また，人間の耳に入ってくる音は耳たぶや肩などで複雑に反射しており，この反射のパターンを脳が学習することにより，さらに複雑な立体感を感じることができる。

2.3.2 適応ノイズキャンセラ

まず最初に，二つのマイクを使った**雑音抑圧**を考えてみる。一つ目のマイク

---

† 2.1.5項で述べたエイリアシングは，異なる時間に対して sin が同じ値をとることが原因であった。空間的エイリアシングの場合，異なる空間で sin が同じ値をとることが原因である。

は目的音（例えば話者の声）の音源の近くに置いたとする。二つ目のマイクはそこから十分離れたところに置いてあり，目的音は一切入ってこないと仮定する。一方，雑音はより広い空間に響き渡っており，どちらのマイクにも入るものとする。この状況で，もしマイク1に入る雑音信号とマイク2に入る雑音信号とが完全に一致するならば，話は簡単で，マイク1の入力からマイク2の入力を減算すればよい。しかし，二つのマイクに入る雑音信号の強度・音質・タイミングは，微妙に異なる。そこで，その違いを補正するためのフィルタが必要になる。これらの関係を図示すると**図2.14**のようになる。

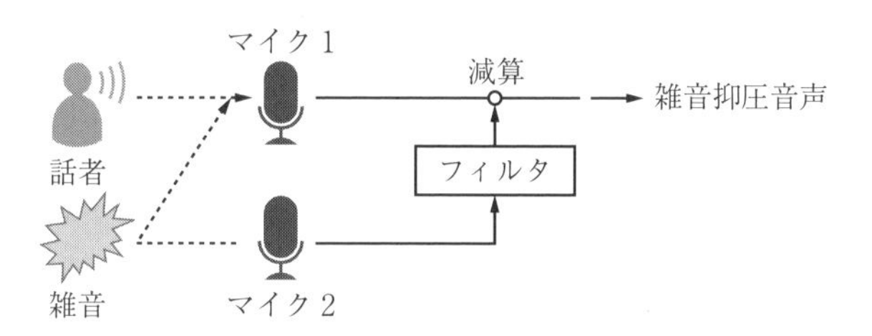

図2.14　適応ノイズキャンセラの原理

この図を見たとき，エコーキャンセラのところで示した図2.10と似ている気がしないだろうか。エコーキャンセラでは，スピーカから発せられる信号 $x(n)$ が伝達関数 $h(l)$ によって変化させられ，マイク入力 $y(n)$ となった。一方，今回の例では，雑音（以下では $z(n)$ と表す）が2種類の異なる経路を辿（たど）ってマイク1とマイク2に到達する。それぞれの経路に対応する伝達関数を $h_1(l)$，$h_2(l)$，二つのマイク入力を $y_1(n)$，$y_2(n)$ としたうえで，これらをすべてフーリエ変換したうえでの関係を見ると

$$Y_k^{(1)} = S_k + H_k^{(1)} Z_k \tag{2.52}$$

$$Y_k^{(2)} = H_k^{(2)} Z_k \tag{2.53}$$

となる。ただし，$Y_k^{(1)}$，$Y_k^{(2)}$，$H_k^{(1)}$，$H_k^{(2)}$，S_k，Z_k は，それぞれ $y_1(n)$，$y_2(n)$，$h_1(l)$，$h_2(l)$，$s(n)$，$z(n)$ をフーリエ変換したときの k 番目の周波数成分である。この式を見れば，容易に以下の関係を導き出すことができるだろう。

$$Y_k^{(1)} = S_k + \frac{H_k^{(1)}}{H_k^{(2)}} Y_k^{(2)} \tag{2.54}$$

すなわち，マイク 2 で検知した信号 $Y^{(2)}$ が経路を逆に辿って雑音 Z の音源に到達，さらに伝搬してマイク 1 で信号 $Y^{(1)}$ として検知されたと考えることが可能であり，その場合のマイク 2 からマイク 1 への伝達関数は $H_k^{(1)}/H_k^{(2)}$ となる。あるいは，この式を逆フーリエ変換して

$$y_1(n) = s(n) + \sum_{l=0}^{L} h_3(l)\, y_2(n-l) \tag{2.55}$$

と書いてもよい。ここで $h_3(l)$ は，$H_k^{(1)}/H_k^{(2)}$ を逆フーリエ変換して得られるフィルタである。

こうなれば，後はエコーキャンセラのときと同じである。$s(n)=0$ となっている時間を見つけて，そのときの $y_1(n)$ と $y_2(n)$ を観測し，それらのデータに対する誤差を最小化させるようなフィルタ $h_3(l)$ を，LMS アルゴリズムなり NLMS アルゴリズムなりで見つけてやればよい。

適応ノイズキャンセラは，目的音がマイク 2 に一切到達せず，なおかつ雑音の伝達関数がつねに一定であるという仮定が成り立つ場合においては，エコーキャンセラと同等の雑音抑圧性能を示すはずである。しかし，目的音が多少なりともマイク 2 に入ってしまうことや，時間とともに雑音源が変わるため伝達関数も変化してしまうことなどにより，実際にはそこまでの性能は得られないことが多い。

2.3.3　遅延和ビームフォーマ

つぎに，より一般的な多数マイクの活用を考えてみよう。

前項の例は，雑音は拾うが目的音は拾わないという特殊な二つ目のマイクの存在を前提としていた。雑音源がはっきりしていて，なおかつその近くにマイクが設置可能な場合には，この方式が有効である。しかし，多くの実用場面においては

1．雑音源が一つに特定できない。

2.　マイクの場所をそのつど変えるような面倒は避けたい。

といった条件があり，雑音専用マイクの設置は難しい。そこで本項では，あらかじめ狭い範囲に固定した複数マイクを使い，雑音の中から特定の目的音だけを強調する方式を紹介する。このように，マイクの位置関係を利用して特定方向からの信号への感受性を強めることを**ビームフォーミング**といい，それを実行するための装置は**ビームフォーマ**と呼ばれる。

図 2.15 は，**遅延和ビームフォーマ**と呼ばれるマイクロホンアレイ方式の原理を示す図である。遅延和ビームフォーマのマイク配置には特段の制限はないが，簡単のため直線上に等間隔 d でマイクが配置されているとしよう。このとき，仮に正面に対して角度 θ の方向から音が到来したとする。2.1.1 項で述べたように，音は音源から球面状に伝搬していくものであるが，音源からの距離が十分に大きい場合には，あたかも平行な音波が直線的に進んでいるように近似して考えることができる。これを**平面波近似**という。

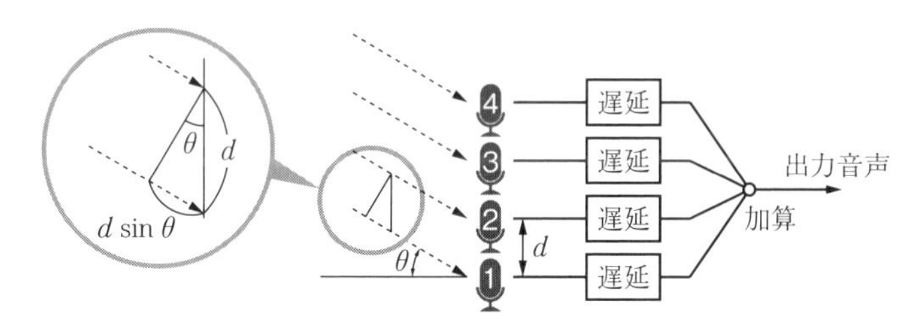

図 2.15　遅延和ビームフォーマの原理

平面波近似のもとでは，図 2.15 に見られるように，隣り合うマイク間では距離 $d\sin\theta$ だけ音の到達距離に差が生じる。この距離を音速 c で割った $(d/c)\sin\theta$ が，隣り合うマイク間の音の到着時刻の差ということになる。

図には「遅延」と「加算」という二つの処理が示されているが，まずは単純に加算だけの場合を考えてみよう。音源から最も遠いマイク（図ではいちばん下のマイク）が

$$x_1(t) = A\sin(2\pi ft) \tag{2.56}$$

という音を観測しているとしよう。式 (2.3) で $\theta=0$ とした場合に相当する。

すなわち周波数fのサイン波である。xについている添え字1はマイク番号を表すとする。このとき，2番目以降のマイクはそれぞれ少しずつ早く音波が到達するので

$$x_2(t) = A \sin\{2\pi f(t+\delta)\} \tag{2.57}$$

$$x_3(t) = A \sin\{2\pi f(t+2\delta)\} \tag{2.58}$$

$$x_4(t) = A \sin\{2\pi f(t+3\delta)\} \tag{2.59}$$

といった信号になる。ただし

$$\delta = \frac{d \sin\theta}{c} \tag{2.60}$$

である。これら四つの入力信号をそのまま加算すると，三角関数の和積変換公式を使って

$$\begin{aligned} x_{sum} &= \sum_{i=0}^{3} A \sin\left\{2\pi f\left(t+i\delta\right)\right\} \\ &= WA \sin\left\{2\pi f\left(t+\frac{3\delta}{2}\right)\right\} \end{aligned} \tag{2.61}$$

となる。ただし

$$W = 4\cos(2\pi f\delta)\cos(\pi f\delta) \tag{2.62}$$

である。

これは，周波数fのサイン波が原信号に対してWという重みで観測されることを示している。δが変化したときにWがどのような値をとるかを計算してみると，**図2.16**（a）のようになる。Wの値は，$\delta=0, 1/f, -1/f$などのところで絶対値が大きくなっている†。$\delta=0$というのは，$\theta=0$，すなわち正面から音がきている場合である。$\delta=1/f$というのは，$d\sin\theta=c/f$ということであり，隣り合うマイク間での到達距離の差が，ちょうどサイン波の波長と同じになっている。

到達距離の差が0になる音を強めたいと思ったときに，到達距離の差が波長

---

† Wが負の値をとるのはサイン波の位相がπだけずれるだけであり，大きな問題ではない。

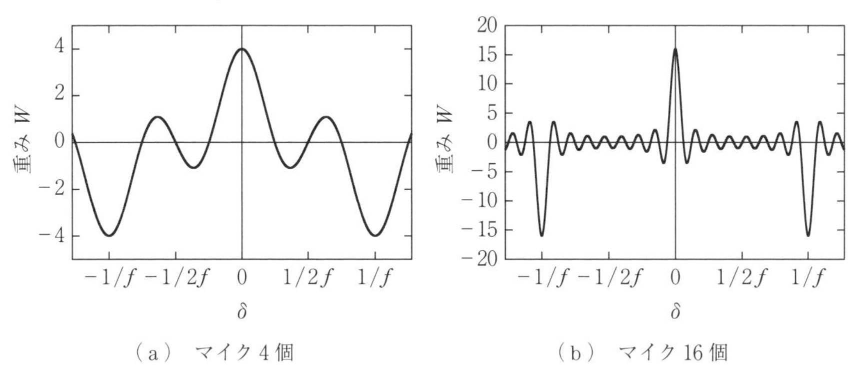

図 2.16　遅延和ビームフォーマの重み W の変化

と一致する音まで強めてしまうのは，2.3.1 項で紹介した空間的エイリアシングが生じているためである。ただし，$d\sin\theta$ は最大でも d にしかならないため，隣り合うマイク間の距離に比べて音の波長が長い場合には，この条件が満たされることはない。

このように，複数のマイクの信号の位相をそろえて足し合わせることで，特定方向からのサイン波を強調することができる。2.1.3 項で述べたように，すべての音はサイン波の話として表すことができるので，このやり方でどんな音でも強調できるということになる。

図 2.16（b）は，同じ計算を 16 個のマイクについて行った結果である。式で書くと

$$W = 16\cos(8\pi f\delta)\cos(4\pi f\delta)\cos(2\pi f\delta)\cos(\pi f\delta) \tag{2.63}$$

となる。正面からの音の強度が 4 倍ではなく 16 倍になるのは当然としても，それに加えて，正面からずれた場合の音の弱まり具合がより顕著になっていることがグラフから見てとれるであろう。

ここまでの計算は，図 2.15 の「遅延」という処理を無視して行い，その結果として正面から到来する音を強調し，それ以外の方向からの音を抑圧することができた。それでは，ここに遅延処理を加えるとどうなるだろうか。マイク 1 の信号をそのままにして，マイク 2 には τ，マイク 3 には 2τ，マイク 4 には

3τ の遅延をそれぞれ加えたとしてみよう。数式で表すと以下のようになる。

$$x_1(t)=A\sin(2\pi ft) \tag{2.64}$$

$$x_2(t)=A\sin\{2\pi f(t+\delta-\tau)\} \tag{2.65}$$

$$x_3(t)=A\sin\{2\pi f(t+2\delta-2\tau)\} \tag{2.66}$$

$$x_4(t)=A\sin\{2\pi f(t+3\delta-3\tau)\} \tag{2.67}$$

これらの式は，少し変形すると式 (2.56) ～式 (2.59) で δ を $\delta-\tau$ に置き換えたものであることがわかる。そのことを利用すると，四つのマイクの入力の総和は

$$x_{sum}=WA\sin\left\{2\pi ft+\frac{3(\delta-\tau)}{2}\right\} \tag{2.68}$$

$$W=4\cos(\delta-\tau)\cos\frac{(\delta-\tau)}{2} \tag{2.69}$$

となる。

この様子を再び図示することはしないが，図 2.16（a）で曲線全体が右に τ だけずれたものになることは容易に想像がつくはずである。つまり，このような遅延を加えることにより $\delta=\tau$ を満たす信号を強調することができる。式 (2.60) と合わせると

$$\tau=\frac{d\sin\theta}{c} \tag{2.70}$$

を満たす角度 θ の音が強調されるということになる。

ここまでの議論で特に重要なのは，遅延 τ の値がソフトウェアで自由に変えられるということである。いわゆる**指向性マイクロホン**は，マイクを向けた方向の音を強調するものであり，強調したい対象が移動する場合にはつねにマイクの向きを変え続けなければならない。これに対し，遅延和ビームフォーマに代表されるマイクロホンアレイ処理では，そうした動作をソフトウェアだけで実現することが可能である。これはマイクロホンアレイの大きなメリットといえるであろう。

2.3.4 死角形成型ビームフォーマ

遅延和ビームフォーマでは，複数のマイクの入力信号を加算して特定方向の音を強調できることがわかった。それでは，加算ではなく減算した場合にはどうなるだろうか。式 (2.64) と式 (2.65) で定義した $x_1(t)$ と $x_2(t)$ を使って計算してみよう。ここでも和積変換公式を使って以下を得ることができる。

$$x_1(t)-x_2(t)=WA\cos\left\{2\pi f\left(t+\frac{\delta-\tau}{2}\right)\right\} \tag{2.71}$$

$$W=-2\sin\{\pi f(\delta-\tau)\} \tag{2.72}$$

この結果を式 (2.69) と比べると，全体にかかる重み W が，コサインではなくサインで表されている。つまり，式 (2.70) を満たす角度 θ（$\delta=\tau$ を満たす角度 θ）に対し，減算された信号はつねに 0 となるわけである。この条件を満たす最も簡単な例としては，$\tau=0$ で音が正面からきた ($\theta=0$) 場合を考えると，二つのマイクの入力信号は同じものとなり，減算すれば 0 になることが容易にイメージできるはずである。

それでは，マイク三つを使うとどうなるだろうか。三つの信号の減算というのは考えにくいので，2 番目の信号をコピーして二つ用意し，1 番目と 2 番目，2 番目と 3 番目の信号でそれぞれ減算をした後，それぞれの結果をさらに減算してみよう。ただし，2 番目と 3 番目で減算を行う信号には，遅延 τ を加えておく。式で書くと以下のようになる。

$$x_1(t)=A\sin(2\pi ft) \tag{2.73}$$

$$x_{2a}(t)=A\sin\{2\pi f(t+\delta)\} \tag{2.74}$$

$$x_{2b}(t)=A\sin\{2\pi f(t+\delta-\tau)\} \tag{2.75}$$

$$x_3(t)=A\sin\{2\pi f(t+2\delta-\tau)\} \tag{2.76}$$

2 番目の信号を複製して，片方を $x_{2a}(t)$，もう片方を $x_{2b}(t)$ と呼ぶことにした。減算の結果はこのようになる。

$$\{x_1(t)-x_{2a}(t)\}-\{x_{2b}(t)-x_3(t)\}=WA\sin\left\{2\pi f\left(t+\delta-\frac{\tau}{2}\right)\right\} \tag{2.77}$$

$$W=-4\sin(\pi f\delta)\sin\{\pi f(\delta-\tau)\} \tag{2.78}$$

Wの値の変化を図示すると**図 2.17** のようになる。式を見ても想像がつくことだが，$\delta=0$ と $\delta=\tau$ の二つの値において Wが 0 となっている。つまり，この二つの値に対応する方向からくる音は，このビームフォーマによって完全に抑圧できるということである。

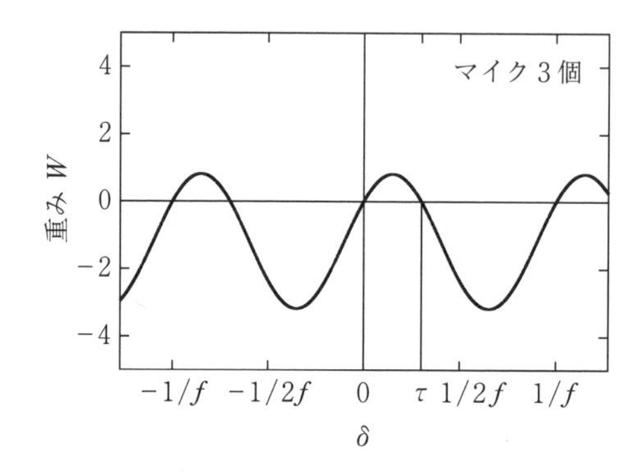

図 2.17　死角形成型ビームフォーマの重み Wの変化

このやり方はいささか恣意的に思えるかもしれないが，重要な点は，三つのマイクに対して，二つの方向の音を抑圧できるような遅延と重みの組合せが，（どうやって見つけるかは別としても）とにかく存在するということである。そしてこれをさらに発展させると，N個のマイクが存在する場合に，$N-1$ 種類の δ に対して Wを 0 にするような遅延と重みの組合せが存在する。これはつまり，$N-1$ 種類の方向に対して死角を形成することができるということである。

このように，特定の方向からの音を特に弱めるように設計されたビームフォーマを，**死角形成型ビームフォーマ**と呼ぶ。遅延和ビームフォーマとの違いは，上の例における $x_{2a}(t)$ と $x_{2b}(t)$ のように，単一のマイクに対して複数の遅延を適用していることと，加算する信号と減算する信号をそれぞれ任意に選んでいることである。この違いをさらに一般化すると，すべてのマイクの信号を複数個に複製し，任意の遅延と任意の重みを加えてから最後に足し合わせるという方式になる。これを**フィルタアンドサムビームフォーマ**と呼ぶ。

図 2.18 にフィルタアンドサムビームフォーマの構成を示す。各マイクの信号に対し単一の重みをかけるのではなく，複数の遅延と重みで表されるような

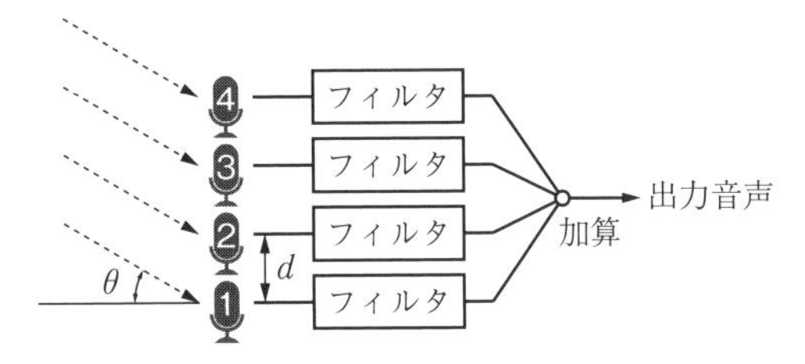

図 2.18　フィルタアンドサムビームフォーマの構成

フィルタを適用し，その後に加算する。重みに負の値を設定すれば，実質的に減算を行うことに相当する。前述した例では，重みは1か−1かのいずれかであったが，重みが任意の値をとることを認めれば，方向別の聞き分け能力をさらに自由にコントロールすることができるようになる。

最後に一つ注意しなければならないのは，遅延和ビームフォーマでは聞きたい音源の方向に対して $\delta=\tau$ を満たすが，死角形成型ビームフォーマでは雑音の方向に対して $\delta=\tau$ を満たすようにするため，聞きたい音源の方向については何も調整をしていないということである。

例えば式 (2.78) では，0，τ 以外の適当な δ に対して，W の値が周波数 f に依存している。これは，音の高さによって異なる重みがかけられるということで，これにより本来のものとは異なる音質の音が得られてしまう。このような現象による音質の劣化を防ぐためには，加算した後の信号に，W の周波数依存性を打ち消すようなフィルタを加える必要がある。

2.3.5　適応ビームフォーマ

遅延和ビームフォーマでは，特定の方向の音の強調が可能である。死角形成型ビームフォーマでは，特定の方向の音の抑制が可能である。しかし，これらの機能は，「どの方向の音を強調/抑制したいのか」が明らかでないと使えないという問題がある。聞きたい音の方向がわかっているケースは多いかもしれないが，聞きたくない音がどちらの方向からきているのか，正確に言い当てられることは少ないだろう。そのような場合，単純な死角形成型ビームフォーマで聞きたい音だけを取り出すことは難しい。そこで本項では，雑音の方向がわからなくても，フィルタを自動的に調整して雑音を抑圧する方式について述べる。そうした機能を持つビームフォーマは，**適応ビームフォーマ**と呼ばれる。

適応ビームフォーマのフィルタの学習には，2.2.3 項で述べたエコーキャンセラや，2.3.2 項で述べた適応ノイズキャンセラと同様に，「抑圧したい信号だけが発せられている状態」での信号を利用する。そのような状態で観測されたデータに対し，ビームフォーマの出力が 0 になるように（あるいはできる限り小さくなるように）パラメータを設定することができれば，雑音を抑圧するという目的が達成されたことになる。

ところがここで一つ問題がある。そのようにして学習したフィルタが，聞きたい音（目的音）を歪ませてしまう可能性があるのだ。これはエコーキャンセラの場合とは対照的である。エコーキャンセラでは，フィルタをかける対象は受話音声であり（図 2.10 を参照），近端話者の声は一切含まれない。適応ノイズキャンセラの場合，フィルタをかける対象は目的音源から遠くに置いた二つ目のマイクであり（図 2.14 を参照），ここにも若干の目的音が入ってしまうことはあるが，それでもそうした混入は最小限になるようにマイクを設置する。

それに対し，適応ビームフォーマでは，目的音が普通に入ってくるマイク信号にフィルタをかける。雑音のことしか考えずにフィルタを学習した場合，それが目的音にどのような悪影響を及ぼすかはわからない。これを逆にいうと，適応ビームフォーマのフィルタを設計する場合，雑音を抑圧するという条件だけでなく，目的音を歪ませないという条件も守ったうえで，フィルタの重みや遅延を決めなければならないということである。

このような考え方のもとに提案された適応ビームフォーマの代表的な例として，**Griffith-Jim 型適応ビームフォーマ**がある。Griffith-Jim 型ビームフォーマは，一般化サイドローブキャンセラとも呼ばれ，**図 2.19** に示すような構成を持つ。以下，Griffith-Jim 型ビームフォーマの働きを詳しく見てみよう。

図 2.19 は，わかりやすくするために正面方向の音を強調したいという想定とした。正面方向からくる音は，遅延を入れなくても位相がそろっている。そ

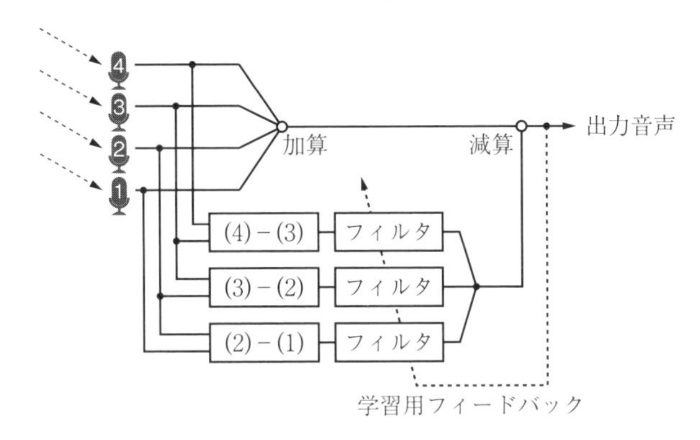

図 2.19 Griffith-Jim 型適応ビームフォーマの構成

れを考慮すると，この図の上半分は遅延和ビームフォーマそのものである。

下側には，四つのマイク入力から得られる 3 種類の信号を用意した。マイク 4 からマイク 3 を引いたもの，マイク 3 からマイク 2 を引いたもの，マイク 2 からマイク 1 を引いたものであり，それぞれが正面方向に死角を持つ死角形成型ビームフォーマになっている。つまり，雑音を抑圧する前に目的音を抑圧した信号を作っておくことが，この方法の肝である。というのも，目的音が完全に消えてしまうような信号を複数作れば，あとはそれをどんなフィルタで組み合わせたとしても，その結果も目的音を含まないからである。

このような信号の作り方はいくつか考えられるが，隣り合ったマイク間で引き算をするというのは，その中でも最も簡単な方法である。このように，目的音を含まない複数の音を作る部分を**ブロッキング行列**と呼ぶ。

遅延和ビームフォーマによる 1 種類の信号と，ブロッキング行列による $N-1$ 個（N はマイク数）の信号ができたら，後はそれらを使ってエコーキャンセラや適応ノイズキャンセラと同じことをやればよい。すなわち，後者を適当なフィルタに通した後で，前者から引いてやればよいのである。「抑圧したい信号だけが発せられている状態」であれば，この減算の結果が 0 になるのが理想である。そして少しでもその状態に近づくように，例えば LMS アルゴリズムなどを使って，フィルタを少しずつ学習していけばよい。

図中で「学習用フィードバック」とあるのは，減算の結果を学習データとして用い，フィルタの係数を更新していくことを表している。このような学習により，最終的な出力は，学習データに含まれる雑音源の方向に対して死角を持ち，なおかつ正面方向の音は一切抑圧しないという性質を得ることができるのである。

Griffith-Jim 型ビームフォーマは適応ビームフォーマの代表的な例であるが，これ以外にもさまざまな適応ビームフォーマの学習アルゴリズムが提案されている。学習データとして「抑圧したい信号だけが発せられている状態」のものを得ることが困難な場合には，目的音を含む学習データを用い目的音に対する感度を一定に保つことと，全体の出力を低下させることとを同時並行で行う必要がある†。このような同時最適化の例として，**最小分散ビームフォーマ**と呼ばれる手法などもよく使われている。

2.3.6 音源方向推定

マイクロホンアレイでは，異なる方向から到来する音がそれぞれ異なった性質を持って観測される。これまでは，その性質を方向別に音を強めたり弱めたりするという目的で用いてきた。一方，この性質を用いて音の到来方向そのものを推定することもできる。

最も簡単な**音源方向推定**方法は，二つのマイクで得られた信号のうち片方に適当な遅延を入れ，両者が一致するかどうかを試してみるというものである。とはいえ，二つのマイクの波形が完全に一致することはないので，以下で定義される相互相関係数によって一致の程度を評価する。

$$R(\tau)=\frac{1}{Z}\int_{-\infty}^{\infty} x_1(t)\,x_2(t-\tau)dt \tag{2.79}$$

ここで，$x_1(t)$，$x_2(t)$ は，それぞれマイク 1 およびマイク 2 で得られた信号であり，τ はマイク 2 の信号に付与する遅延である。Z は τ の値に依存しない

† 出力信号が目的音成分と雑音成分の和であるとすると，目的音成分の値を一定に保てるならば，出力信号の最小化と雑音成分の最小化は同じことである。

正規化係数である。さまざまな τ に対して $R(\tau)$ の値を計算し，それが最大になるような τ が，音源方向に対して二つのマイク信号の位相をそろえるような遅延の値である。これを式で書くと

$$\tau_s = \underset{\tau}{\operatorname{argmax}}\, R(\tau) \tag{2.80}$$

となる。ただし τ_s は音源方向に対して位相がそろうような τ の値である。こうして得られた τ_s と式 (2.70) から，音源方向 θ_s は，マイク間距離 d と音速 c を使って

$$\theta_s = \sin^{-1}\left(\frac{c\tau_s}{d}\right) \tag{2.81}$$

と推定される。

このやり方は，さまざまな τ に対して式 (2.79) の計算をしなければならないため，普通にやると計算量が多くなってしまうが，フーリエ変換を使って周波数領域での計算に変えることで，計算量を減らすことができる。また，周波数領域での相互相関計算に際して，当該周波数成分の大きさで正規化してから逆フーリエ変換を行うことで，音源方向での $R(\tau)$ のピークが顕著に表れることが知られており，この方法は **GCC-PHAT**（generalized cross correlation with phase transform）と呼ばれている。

ここまでに述べた方法は，単一音源からの直接音だけがマイクロホンアレイに届く場合には，十分に有効である。しかし，音源が複数存在する場合や，壁や天井などでの反射音が含まれる場合には，さまざまな方向から到来する音が混ざり合うため，式 (2.81) で求めた値は意味不明なものになってしまう。このような場合の音源方向推定はどうすればよいだろうか。

複数の音源に対応するためには，観測信号から特定の周波数成分だけを取り出し，上記と同じことを考えてみればよい。フーリエ変換により音を周波数分解したときに，おのおのの周波数成分は一つの音源の信号しか含まないというケースが多そうである。これを**音のスパース性**と呼ぶ。もちろんこれはつねに成り立つ性質ではなく，例えば楽器の合奏などでは，まったく同じ周波数の音が複数箇所で鳴らされることもあるだろう。一方，複数の人間が話をしている

状況では，この性質はかなりよい近似で成立していると思ってよい。

音のスパース性が仮定できる場合，式 (2.79) をフーリエ変換して特定の周波数成分だけで θ_s を求めれば，それがその周波数の音の音源方向ということになる[†]。

反射のある場合に複数の音源に対応するのはやや難しい。ここでは最も単純な方法として，音全体ではなく音の立ち上がりだけを用いる方法を紹介する。どんなに反射のある環境であっても，音が鳴り始めたときに最初にマイクに届くのは直接音である。したがって，おのおののマイクで音の鳴り始めを正確に検知できるのならば，その時間差を τ_s として式 (2.81) に代入してやればよい。

最後に，「音源方向推定」と「**音源同定**」という二つの言葉の違いについて考えてみよう。両者は広い意味では同義語であるが，より厳密にいうと，前者が方向だけについて述べているのに対し，後者は音源の位置そのものを指している。そして，正確な音源同定のためには，方向に加えて距離の推定が必要になる。平面波近似が成り立つような状況では，音の信号を使って音源までの距離を推定することは難しいが，**図 2.20** のように複数のマイクロホンアレイを少し離して設置することができれば，三角測量の要領で，音源の絶対的な位置を推定することができる。

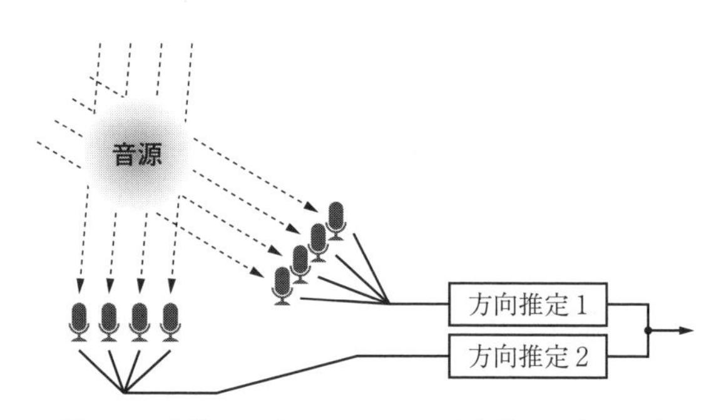

図 2.20　複数のマイクロホンアレイを使った音源同定

† ただし，x_1 や x_2 が特定の周波数成分だけからなる場合，τ の代わりに $\tau+1/f$ や $\tau+2/f$ などを用いても R の値は同じになってしまう（周波数 f の逆数がサイン波の周期になることに注意）。これはまさしく，これまでにも何度か述べた空間的エイリアシングの効果である。

2.3.7 非同期マイクロホンアレイ

これまでに述べたマイクロホンアレイ処理では，わずかな距離を音が伝わる時間差を利用しているため，マイクの間でのタイミングの同期が重要である。このとき，すべての信号が同じ A-D 変換器で処理されていればよいが，そうでない場合には問題が生じる。これは，異なる A-D 変換器が異なるクロックで起動されているときに，たがいの間にずれが生じるためである。そのようなずれはまったくランダムである場合には対処のしようがないが，実際には開始点そのもののずれと，クロック周波数の誤差による線形の引き伸ばしとで，かなりの部分が記述できると言われている。

例として，同じ音源からの音信号 $x(t)$ がまったく同じタイミングで入ってくるマイク 1 と 2 とを考えてみよう。二つのマイクは開始タイミングをそろえ，サンプリング周期 100 µs でサンプリングをしているつもりだとする†。しかし実際にはクロックの誤差により，開始タイミング，サンプリング周期ともに誤差が生じてしまい，**表 2.1** のようになるかもしれない。

表 2.1　異なる A-D 変換器を使ったサンプリングの例

n	$y_1(n)$	$y_2(n)$
0	$x(1)$	$x(5)$
1	$x(102)$	$x(103)$
2	$x(203)$	$x(201)$
3	$x(304)$	$x(299)$
⋮		

この例では，マイク 1 のサンプリング開始が 1 µs だけ遅れ，なおかつサンプリング周期も 100 µs のつもりが 101 µs になってしまっている。しかしこの信号を単体で用いるだけであれば，開始時刻はそもそも任意に定義して構わないし，サンプリング周期についても音の高さがほんのわずかに変わって聞こえ

† 1 µs は 100 万分の 1 秒。

るだけで，さほど大きな問題にはならない。

一方のマイク 2 も，開始時刻が 5 μs 遅れ，サンプリング周期が 98 μs になっている。こちらも単体であれば影響は小さいはずだが，これら二つのマイクを使ってビームフォーミングを行うと，問題は一気に大きくなる。例えば，$y_1(n)$ と $y_2(n)$ は本来は同一の信号であるはずなので，減算をすれば 0 になると期待される（正面方向に死角を持つビームフォーマ）。しかし実際には二つの信号は時間とともにどんどんずれていき，減算してもまったく 0 にならなくなってしまうであろう。

このような場合に，サンプリングのずれが開始時刻とサンプリング周期だけだと仮定できるならば，ずれの度合いをオンラインで推定することが一定の条件下で可能である。例えば表 2.1 のケースで，観測している対象が同一の信号であると仮定できるならば

$$y_1(n) = y_2(an+b) \tag{2.82}$$

と仮定して，これが最もよく成り立つような（$y_1(n)$ と $y_2(an+b)$ の差が最小になるような）a と b とを見つけてやればよい。

従来のマイクロホンアレイ処理では，同一のクロックを用いた処理系を構築する必要があることから，マイクの個数や設置位置に関して，コスト面での制約が強くなることが避けられなかった。しかし，このような非同期のマイク素子を用いたマイクロホンアレイ処理が可能になると，例えば複数人が持っているスマートフォンのマイクを利用してビームフォーミングを行うといったことが，ソフトウェア処理だけで可能となる。こうした枠組みは，**非同期分散マイクロホンアレイ**と呼ばれる[5)]。

2.4 ブラインド信号分離

2.4.1 周波数領域でのバイナリマスキング

これまでに扱ったビームフォーミングや音源方向推定は，複数のマイクがどんな配置で並んでいるかという幾何的な情報を利用し，方向別の処理を行うと

いうものであった。一方，適応ノイズキャンセラでは，片方のマイクに雑音だけしか入っていないということだけが確約されれば，二つのマイクがどれくらい離れているかなどには影響されることはない。それでは，もっと一般的なマイクロホンアレイで，マイクの位置や音源の方向がわからない場合でも，何とかして特定の音だけを取り出すことはできないのだろうか。

そうした取り組みは**ブラインド信号分離**と呼ばれ，音響信号処理のみならず，さまざまな信号処理の分野で研究が進められている。一般的にブラインド信号処理の理論の多くでは，マイクや音源の幾何学的な情報の代わりに，信号源の確率分布についての統計的な性質を多用する。そのため数学的な議論が重要となり，限られたページ数で簡便に説明することは難しいが，ここでは代表的ないくつかの方式について，考え方のエッセンスを紹介することにしたい。

音響信号に対するブラインド信号分離では，信号を周波数成分に分解して考えるのが普通である。最初に述べる方式は前節で紹介した「音のスパース性」を利用するもので，各周波数成分がいくつかある音源のうち一つだけで発せられたものであろうと考えて，分離するものである。

図 2.21 は，二つの信号源から発せられた音を，二つのマイクで観測した短時間スペクトルを並べて表示したものである。周波数 500 Hz，1 000 Hz，1 500 Hz，2 000 Hz のところでは，マイク 1 の信号の方が強くなっている。一方，周波数 700 Hz，800 Hz，1 400 Hz のところでは，マイク 2 の信号の方が強く

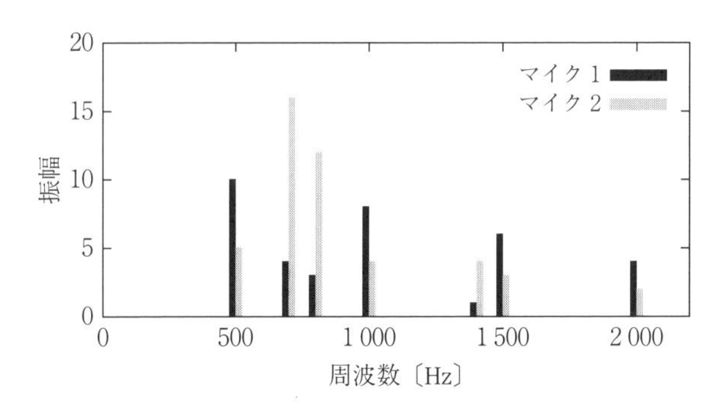

図 2.21 二つのマイクで観測した短時間スペクトルの比較

なっている。このことから最も単純な推測としては，前者が片方の信号源から，後者がもう片方の信号源から発せられたのではないかと推測できる。

こうしてそれぞれの音源に属する周波数成分が特定できたら，それ以外の成分はすべて0にしたうえで逆フーリエ変換すれば，特定の音源からの信号だけを取り出すことができる。このように，各周波数成分が特定の音源に属するか属さないかのどちらかに決めてしまう方式を**バイナリマスキング**と呼び，各周波数成分に対する「属するか属さないか」のラベルをマスクと呼ぶ。

上の例では二つの信号の強度差だけからマスクを決定したが，それ以外に，両信号間の位相差にも着目してマスクを推定するような方式も知られている。

2.4.2 独立成分分析

音のスパース性はかなり強い仮定であり，実際の音響信号では成立しないことも多い。そのような場合，つまり個々の周波数成分が複数の音源からの信号の和になっているような場合，その比率をどのようにして求めればよいだろうか。

例として，音源が二つ，マイクも二つというケースを考えてみる。複素数を使って周波数領域で表現すると，音源信号に伝達関数を掛け算したものが観測信号となるということを思い出そう。このとき，音源信号の周波数成分 $X_1(t)$，$X_2(t)$ に対し，マイク信号の周波数成分 $Y_1(t)$，$Y_2(t)$ は以下で表される。

$$Y_1(t) = H_{11}X_1(t) + H_{12}X_2(t) \tag{2.83}$$

$$Y_2(t) = H_{21}X_1(t) + H_{22}X_2(t) \tag{2.84}$$

ただし，H_{ij} は j 番目の音源から i 番目のマイクへの伝達関数である。また，時刻を表す変数 t は連続値ではなく，フーリエ変換を行った際のフレームの番号を表す離散値である。音源やマイクの配置，周囲の環境などが変わらなければ，時刻 t が変わっても H_{ij} は一定であると仮定してよいだろう。このとき，$H=(H_{ij})$ が逆行列 $W=H^{-1}$ を持つならば

$$X_1(t) = W_{11}Y_1(t) + W_{12}Y_2(t) \tag{2.85}$$

$$X_2(t) = W_{21}Y_1(t) + W_{22}Y_2(t) \tag{2.86}$$

という式により，音源信号 $X_1(t)$，$X_2(t)$ を推定することができる。

そういうと話は簡単そうに聞こえるが，ここで問題となるのは伝達関数 H_{ij} が未知だということである。したがって，その逆行列も簡単に求めることはできない。そこでどうするかというと，とりあえず W としては「なんでもあり」と考えるのである。そして，適当な W を使って $X_1(t)$，$X_2(t)$ を推定してみて，得られた結果が最も「良さそう」なものを採用するという方針で臨むことにする。

それでは，どのような音源信号が「良さそう」なのか。その基準が，これから述べる「独立成分分析」という手法の名前に現れている。すなわち，音源信号 $X_1(t)$ と $X_2(t)$ とが，たがいに独立であるほど良いとみなすのである。

二つの信号が独立であるとはどういうことか。例えば被験者Aと被験者Bがそれぞれ勝手にサイコロを振り，出た目を送信するとしよう。このとき，両者の信号はまったく無関係にランダムな値をとるはずである。

一方，被験者Bはサイコロを振らずに被験者Aのサイコロを見て，出た目の裏にある目を送信したとしよう。このとき，被験者Aの信号だけを見ればランダムだし，被験者Bの信号だけを見てもランダムだが，両者を並べてみると，つねにその和が7になっているということで，まったく独立ではないことに気づくはずである。そして，そのような性質を調べるためには，多数のデータをとって全体の傾向を調べる必要がある。以下では，一定時間の観測により得られたデータをもとに，そこから再現した信号の**独立性**を評価することを考えてみよう。

二つの確率変数の関連性を調べる場合に，**相関係数**というものがよく用いられる。$X_1(t)$ と $X_2(t)$ の相関係数 r は以下で与えられる。

$$r = \frac{\sum_{t=0}^{T}\left(X_1(t) - \overline{X_1}\right)\left(X_2(t) - \overline{X_2}\right)}{\sqrt{\sum_{t=0}^{T}\left(X_1(t) - \overline{X_1}\right)^2}\sqrt{\sum_{t=0}^{T}\left(X_2(t) - \overline{X_2}\right)^2}} \tag{2.87}$$

ここで $\overline{X_1}$，$\overline{X_2}$ は，それぞれ $X_1(t)$，$X_2(t)$ の平均値である。相関係数は，

二つの変数が同じように変化するときに正，反対の変化をするときには負の値をとり，その度合いが最も大きいときに1ないし−1となる。逆に，まったく相関がない場合の値は0である。実際，二人がそれぞれにサイコロを振るケースでは相関係数が0になるが，AのサイコロのSの裏の目をBが送信する場合には相関係数が−1になる。

それならば，相関係数が0になれば，二つの信号は独立だといえるのだろうか。じつは必ずしもそうはいえない。前に挙げた例を少し変えて，被験者Bが「被験者Aのサイコロの目と同じ目，もしくはその裏にある目を，五分五分の確率で送信する」としてみよう。例えばAのサイコロの目が1なら，Bは50%の確率で1を，50%の確率で6を送信する。このときのAとBの信号の相関係数を計算すると0になる。しかし，Bの信号が1であれば，Aの信号は1か6のどちらかだということが推測できるわけで，この両者が独立だというのは無理があるだろう。

実際には，二つの確率変数 X_1，X_2 の独立性は，以下の式が成り立つことだと定義される。

$$p(X_1, X_2) = p(X_1)\,p(X_2) \tag{2.88}$$

ここで $p(X_1, X_2)$ とは，二つの確率変数が特定の値の組合せをとる確率密度（X_1, X_2 が離散値の場合は確率）であり，一方 $p(X_1)$ とは確率変数 X_1 が特定の値をとる確率密度（もしくは確率）である。この関係がすべての X_1，X_2 に対して成り立っていることを確認するために，以下の値を定義する†。

$$D_{KL} = \int_{-\infty}^{\infty} p(X_1, X_2) \log \frac{p(X_1, X_2)}{p(X_1)p(X_2)} dX_1 dX_2 \tag{2.89}$$

この値は**カルバック-ライブラー・ダイバージェンス**と呼ばれ，$p(X_1, X_2) = p(X_1)\,p(X_2)$ のときに最小値0をとり，それ以外では必ず0よりも大きな値となる。したがって，この D_{KL} がなるべく小さくなるように行列 W を変えていけば，独立性の高い二つの音源を抽出することができるはずである。

† 離散値の場合は積分を和で置き換える。

幸い，Wの値を少し変えたときにD_{KL}がどう変わるかを数式で表すことが可能なので，D_{KL}がなるべく小さくなるような変更を計算により求めることができる。そのような変更を何度も繰り返し，もうこれ以上小さくすることができないというところで，そのときのWを使って式(2.85)，式(2.86)を計算すれば，分離された音の信号を得ることができる。

このやり方は**独立成分分析**（independent component analysis，**ICA**）と呼ばれる。実際には，上に述べたカルバック-ライブラー距離のほかにも，さまざまな独立性の指標を使うICAの実現方法が提案されている。

最後に，周波数領域でのICAがうまくいった後で，元の信号を再現する際に注意しなければならないことが二つほどある。一つは**スケーリングの不定性**と呼ばれる問題で，式(2.85)，式(2.86)で使うW_{ij}が得られたとして，そのすべてに同じ定数を掛けても同じ独立性が得られることに起因する。全体に同じ定数を掛けるというのは単に音量を上げ下げするだけなので，それだけなら問題ないように思えるかもしれない。しかし，異なる周波数ごとに適当な音量を設定してしまうと，全体がおかしな音になってしまう。そのため，異なる周波数の間での音量のバランスがとれるよう調整を行う必要がある。

もう一つは**パーミュテーションの不定性**と呼ばれる問題で，式(2.85)と式(2.86)を入れ替えて$X_1(t)$と$X_2(t)$を交換したとしても，同じ独立性が得られることに起因する。どの音源を1番と呼び，どの音源を2番と呼ぶかというのは，ある周波数だけで考えればどうでもいいようにも思える。しかし，多数の周波数でICAを行った後に，それぞれの周波数で得られた「1番」の音を足し合わせて一つの音を作ろうという場合，分離した音のどちらが1番なのかというのは，きわめて重要な問題である。

スケーリングやパーミュテーションの不定性は，ICAそのものとは直接の関係はないが，周波数領域でのICAを行う際には避けて通れない問題である。これに対しては，異なる周波数成分の間の類似性や，近接する時間の間での類似性など，データ全体の性質を利用した解決法が提案されている。

2.4.3 非負値行列因子分解

前項では位相情報も含めた複素スペクトログラムからの信号分離を扱ったが，ここで一旦位相のことは忘れて，パワースペクトログラムからの分離を考えてみよう。パワースペクトログラムの特徴は，各周波数成分が実数であるというだけでなく，つねに非負（0 以上）の値をとるということである。また，二つの音源からの信号が重なり合ったとき，両者に相関がなければ，合成音のパワーは各音源の音のパワーの和であると近似することができる。

じつは，この二つの特徴に着目するだけで，モノラルの音響信号を複数音源に分離することができる。ただし制約条件があって，それは「個々の音源のスペクトルは時間変化しない」ということである。ICA では伝達関数が時間変化しないという仮定を置いたが，ここでは音源の方が変化しないとする。例として楽器音を考えると，特定の楽器が特定の音階の音を出す場合には，その音を何度繰り返しても，スペクトルはほぼ変わらないと思ってよいだろう。もちろん，どの楽器がどの音階をどういうタイミングで発するかは，曲によって変わるものとする。

ここで簡単な行列の式を導入する。

$$V = WH \tag{2.90}$$

V はパワースペクトログラムを表す n 行 m 列の行列である。n は周波数成分の数，m は時間軸に並んだフレームの数であり，各要素はそれぞれの時間周波数に対応する音響信号のパワーである。これに対し，W は n 行 r 列の行列で，それぞれの列が，各音源のパワースペクトルを表しているとする。W の列の数 r は音源の数を表す。また，H は r 行 m 列の行列で，それぞれの列は，ある時間に各音源がどれくらいの強度で鳴っているかを表している。

式 (2.90) を概念的に図式化したのが**図 2.22** である。これを見ると，各時刻におけるスペクトル（行列 V の列ベクトル）が，r 個の音源のスペクトル（行列 W）を，活性度の重み（行列 H の列ベクトル）で足し合わせたものになっていることがわかるだろう。このとき，V，W の各要素はそれ自体がパワースペクトルなので負の値はとらない。また，H の各要素は，それぞれの音源が

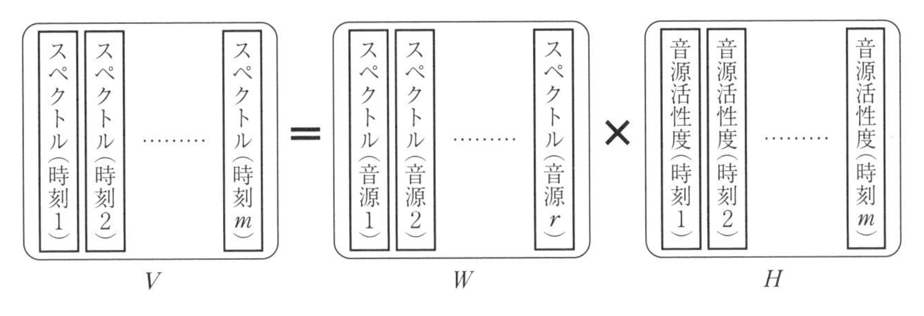

図 2.22 パワースペクトログラムの分解の概念図

どれくらいの強さで鳴っているかなので，こちらも負の値をとることはない。

行列 V が与えられたときに，式 (2.90) を満たすような V と H を求めることを考えてみよう。r が十分に大きいときは自由度が大き過ぎるために，そのような分解は何通りでも考えられる。極端なケースとして，$r=m$ の場合には，$V=W$，$H=I$ というあたりまえの解が簡単に見つかってしまう。しかし r が十分に小さく，なおかつ各行列の要素がすべて 0 以上である場合には，意味のある近似解を求めることができる。そのような解を得るためには，W，H として適当な候補からスタートし，それに対して V と WH との差が小さくなるように，なおかつ各要素が負の値とならないように，少しずつ変更を加えていけばよい。

V と WH の差を表す指標としては，以下に示す単純なユークリッド距離（式 (2.91)）を用いる場合もあれば，**一般化カルバック–ライブラー・ダイバージェンス**（式 (2.92)）と呼ばれる量を用いる場合などもある†。

$$E_{EU}=\sum_{i,j}\left|V_{ij}-\sum_{k}W_{ik}H_{kj}\right|^{2} \tag{2.91}$$

$$E_{KL}=\sum_{ij}\left(V_{ij}\log\frac{V_{ij}}{\sum_{k}W_{ik}H_{kj}}-V_{ij}+\sum_{k}W_{ik}H_{kj}\right) \tag{2.92}$$

こうした手法を総称して，**非負値行列因子分解**（non-negative matrix factorization，**NMF**）と呼ぶ。ここで述べたような観測信号だけを用いる NMF

† $\sum_{i,j}V_{ij}=\sum_{ij}\sum_{k}W_{ik}H_{kj}$ のとき，カッコ内の第 2 項と第 3 項は不要となり，よく知られるカルバック–ライブラー・ダイバージェンスそのものになる。

のほかに，あらかじめ大量の教師データから音源スペクトルを推定しておく「教師あり NMF」と呼ばれる手法が用いられることもある。

2.5 単一マイク信号からの雑音抑圧

2.5.1 スペクトルサブトラクション

これまで，マイク信号と参照信号を使ったエコーキャンセラから始まり，多数のマイクを使ったマイクロホンアレイや ICA について述べた後，NMF を使えば単一マイク信号からの信号分離が可能なことを示した。せっかくなので，単一マイク信号に対する処理についてもう少し紹介しよう。

パワースペクトログラムを 2 種類の音源信号に分離する最も簡単は手法は，**スペクトルサブトラクション**と呼ばれるものである。これは，パワースペクトログラムの一部，多くの場合は観測開始直後の信号に，2 種類の音源のうち片方しか含まれていないと仮定してしまうものである。例えばマイクに向かって話した人の声を取り込む場合，「はいどうぞ」と言ってから 1 ～ 2 秒後に話し始めるのが普通だろうから，先頭の 1 ～ 2 秒には背景雑音しか含まれないことになる。こうしたことから，スペクトルサブトラクションは特に背景雑音の分離に有効であり，信号分離というよりは**雑音抑圧**もしくは**音声強調**のアルゴリズムとして位置づけられるのが普通である。

じつは，スペクトルサブトラクションというのは，2.2.6 項で非線形エコーキャンセラとして紹介した手法と同じ原理に基づいている。非線形エコーキャンセラでは，近接音声とエコーとが混ざった信号から，参照信号により推定可能であるエコーのパワースペクトルを減算することで，エコー抑圧効果を得ようとした。そこで，エコーの代わりに背景雑音を抑圧することを目的とし，参照信号の代わりに一部時間帯の観測信号を利用してスペクトル推定を行うのが，スペクトルサブトラクションである。

ここで念のため，目的信号と背景雑音の合成プロセスを確認してみよう。重ね合わせの原理として説明したとおり，二つの音波の重ね合わせは振幅の和として表される。例えば，目的音 $x(t)$ と雑音 $n(t)$ からなる周波数 f の二つのサイン波の和を観測したとして，これを

$$
\begin{aligned}
y(t) &= x(t) + n(t) \\
&= A_x \sin(2\pi ft + \theta_1) + A_n \sin(2\pi ft + \theta_2)
\end{aligned}
\tag{2.93}
$$

と表すと（A_x, A_n はそれぞれの振幅），フレーム単位で考えたときのそれぞれのパワーは

$$
\begin{aligned}
\sum_{t=t_0}^{t_1} \left| y(t) \right|^2 &= \sum_{t=t_0}^{t_1} A_x^2 \sin^2\left(2\pi ft + \theta_1\right) + \sum_{t=t_0}^{t_1} A_n^2 \sin^2 \sin\left(2\pi ft + \theta_2\right) \\
&\quad + \sum_{t=t_0}^{t_1} 2\, A_x\, A_n \sin\left(2\pi ft + \theta_1\right) \sin\left(2\pi ft + \theta_2\right)
\end{aligned}
\tag{2.94}
$$

となる（t_0, t_1 はフレームの始端と終端）。ここで右辺第 3 項は，θ_1 と θ_2 の差に依存する値をとるが，θ_1，θ_2 がランダムならば期待値として 0 としてもよいだろう。つまり

$$
\sum_{t=t_0}^{t_1} \left| y(t) \right|^2 \fallingdotseq \sum_{t=t_0}^{t_1} \left| x(t) \right|^2 + \sum_{t=t_0}^{t_1} \left| n(t) \right|^2 \tag{2.95}
$$

$$
|X|^2 \fallingdotseq |Y|^2 - |N|^2 \tag{2.96}
$$

となる。ここで $|X|^2$ は目的音のパワースペクトル，$|Y|^2$ は観測音のパワースペクトル，$|N|^2$ は雑音のパワースペクトルである。ここで使う $|N|^2$ の値は，例えば音声取り込み開始直後の 1 秒間の観測音のパワースペクトルの平均値を用いればよい。

もっとも，実際には式 (2.94) の右辺第 3 項が完全に 0 になるわけではないし，雑音そのものも時間とともに強弱を持つことがある。そこで式 (2.96) を少し修正して

$$
|X|^2 = \max\left(|Y|^2 - \alpha |N|^2, \beta\right) \tag{2.97}
$$

という形で使うことが多い。ここで α はサブトラクション係数と呼ばれ，推定誤差のことも考えて少し多めに雑音を減算しておこうという意図を反映している。また β はフロアリング定数と呼ばれ，減算のし過ぎでパワースペクトルが負の値もしくは 0 に近過ぎる値をとらないようにするためのものである。

こうして得られた目的音のパワースペクトルに，観測音の位相スペクトルを組み合わせて逆フーリエ変換することにより，雑音抑圧後の音声波形を得ることができる。

2.5.2 統計的雑音抑圧

スペクトルサブトラクションでは，雑音のパワースペクトルが観測期間中にまったく変わらないことを仮定した。しかしこの仮定はあまりに強過ぎて，実際には十分に成立していないことが多い。そこで，同じように「観測音のパワースペクトルから，推定した雑音のパワースペクトルを減算する」という考え方を基本としつつ，雑音の時間変動を多少は許容するような手法を紹介する。これらの手法では，目的音や雑音が一定の確率分布を持つ変数であると仮定し，それらの統計的性質を利用して雑音抑圧を行うため，総称として**統計的雑音抑圧**と呼ぶことにする。

まず，背景雑音しか含まれないデータから推定するのは雑音のパワースペクトルそのものではなく，雑音が定常的なガウス分布に従う確率変数であると仮定したときの分散であると考える。同じように，目的音も確率変数であるとして，その分散を推定する。目的音の分散の推定法はいろいろあるが，最も簡単なものとしては，過去数フレームの観測音に対してスペクトルサブトラクションを行い，得られた信号の分散を計算すればよい。こうして得られた二つの分散の比を，**事前 SNR**（a priori signal-to-noise ratio）として以下のように定義する。

$$\xi = \frac{\lambda_x}{\lambda_n} \tag{2.98}$$

ただし，λ_x は目的音の分散，λ_n は雑音の分散である。

あらかじめ事前 SNR の推定ができている状態で，最新のフレームの雑音抑圧を行おうという場合に，そのフレームの SNR も事前 SNR と同じになるはずだと考えれば，以下の推定式が得られる。

$$|S|^2 = \frac{\xi}{1+\xi}|Y|^2 \tag{2.99}$$

この式は，各周波数成分に一定の値を掛けているので，フーリエ変換する前の信号にフィルタ関数を畳み込んでいることと同等である。このようなフィルタを**ウィーナーフィルタ**と呼ぶ。

もう少し直接的に確率を扱うこともできる。目的音が分散λ_xのガウス分布に従う複素数で，雑音も分散λ_nのガウス分布に従う複素数だとすると，それらを足し合わせた観測音の確率分布を推定することができる。それはすなわち，観測音が得られた条件下での目的音の事後分布確率を推定できるということであり，その分布の下での期待値を計算することもできる。こうした計算をもとに，観測音Yが得られたときの目的音の振幅A_xの値の期待値を求める方法はMMSE-STSA法[†1]と呼ばれ，実用上も多くの場面で使われている。

MMSE-STSA法[10)]をさらに改良した手法として，対数スペクトルの期待値を求めるLSA法やOM-LSA法[11)]，双方向型OM-LSA法[12)]なども提案されている。また，これらの手法の中で，観測開始直後に推定した雑音の分散λ_nを使い続けるのではなく，λ_nの推定値も時間とともに修正していく方法も知られている[†2]。

2.6 音 場 制 御

2.6.1 インパルス応答と伝達関数の測定

前節までは，マイクで取り込んだ音響信号に対してさまざまな処理を施し，扱いやすい音響信号を得るための手法を扱ってきた。それに対し，本章の最後となる2.6節では，人間に聴かせることを前提に，スピーカから音響信号を発するためのさまざまな工夫，なかでも特に音を立体的に聴かせるための工夫について解説する。このような処理は，総称として**音場制御**と呼ばれる。

---

†1 きちんと綴るとMinimum mean-square error short-term spectral amplitude法。
†2 例えばMinima controlled recursive averaging（MCRA）法など。

2.1.6 項では，音源からマイクまでの音の伝搬のしかたがインパルス応答として表されること，それをフーリエ変換して得られるものを伝達関数と呼ぶことを学んだ。音場制御においては，さまざまな場面でインパスル応答や伝達関数を用いることがあり，測定によりその推定値を得ることが重要となる。さまざまな音場制御技術について学ぶ前に，まずはこれらの測定方法について少し触れておくことにしよう。

インパルス応答とは，その名の通りインパルス（瞬間的な強い信号）に対する応答である。したがって，**図 2.23** に示すように，音源位置からインパルスを発しマイク位置でそれを録音すれば，録音結果がそのままインパルス応答となる。なお，インパルス応答の立ち上がりの時間が音源に比べて遅れているのは，直接音の伝達に時間がかかることを表している。

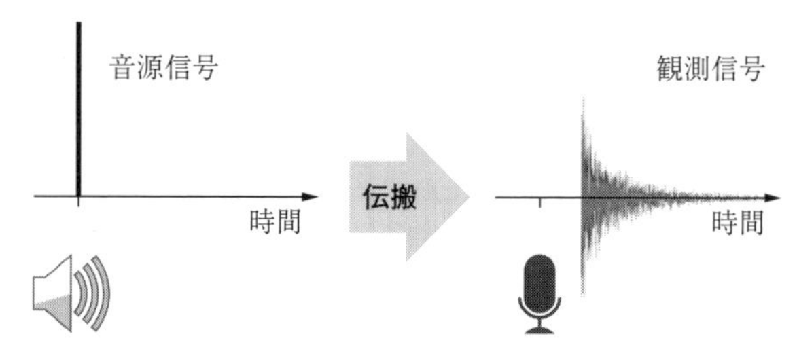

図 2.23　インパルス応答の概念図

しかし，このやり方には問題もある。インパルスそのものは持続時間を限りなく短くしなければならないため，音響信号全体としてのパワーをあまり大きくすることができない。そのため観測信号も小さくなりがちであり，少しでも背景雑音のあるような環境では正確な値を得ることが難しい。一方，音源は必ずしもインパルスである必要はなく，測定可能なすべての周波数成分を含む音であれば，計算によりインパルス応答を得ることができる。そこで，全周波数成分をまんべんなく含む音の中で比較的処理や計算が簡単なものとして，**TSP 信号**（time streched pulse signal）などがよく用いられる。

TSP 信号とは一種のスイープ音であり，時間とともに周波数が上昇もしくは下降していく。この音を数回繰り返して再生し，それをマイク位置で録音することにより，精度の高いインパルス応答を得ることができる。また，得られたインパルス応答をフーリエ変換することにより伝達関数を得ることができる。

2.6.2 ステレオ再生とサラウンド

立体的な音を再生すると聞いて多くの人が最初に思いつくのは，**ステレオ再生**であろう。左右一対のスピーカを置き，そこから微妙に異なる音を再生することにより，ある音は右側に，別の音は左側にといった具合に感じさせることができる。

ステレオ再生のための音源信号の作り方は，大きく分けて2種類ある。一つはステレオ録音方式で，適当な位置に右チャネル用と左チャネル用のマイクを置き，それぞれで録音した信号を，そのまま右スピーカと左スピーカから再生する。この方法は，録音した信号をそのまま再生用に使うことができるので，簡便性という意味でメリットがある。

もう一つはマルチトラック音源からのトラックダウン方式で，例えば演奏する楽器の近くなどに多数のマイクを置いて録音を行い，得られた信号を適当に混ぜ合わせて2種類の再生用信号を作るというものである。この操作は**ミキシング**と呼ばれ，操作を行う人は**ミキサー**と呼ばれる。多くの場合，ミキシングには決まったアルゴリズムは存在せず，ミキサーの個人的な感性に委ねられている。そのため，ミキサーにかかる負担が大きい一方で，オリジナリティを表現できるというメリットもある。

2.3.1項でも述べたように，人間は両耳に入ってくる音響信号の強度差と時間差とで，音の到来方向を推定している。しかし，ステレオスピーカを使った再生では，右スピーカの音が左耳に，左スピーカの音が右耳にも入ってくるため，両耳間時間差を精度良く再現することは難しい。そのため，音の立体性の再現は，もっぱら左右のスピーカ間の強度差によって行われる。また，単純な強度差のみで方向性を表しているので，ユーザが「バランス」と呼ばれるつまみを操作することで，方向性を変更することができる。

複数のスピーカを使った音の再生という意味で，より進んだ方式といえるのが**サラウンド**である。サラウンドとは，三つ以上のスピーカを使った音の再生方法の総称で，代表的なものに**5.1チャネルサラウンド**がある。

サラウンドは映画館などの音響装置として以前から使われてきたが，最近では家庭用AVシステムなどで使われることも多くなってきた。例えば5.1チャネルサラウンドでは，**図2.24**のようにスピーカを配置する。通常のステレオスピーカに，前方中央の音を聴きやすくするためのセンタスピーカと，前後方向も含めた立体感を出すための後方左右スピーカを加え，合計五つのスピーカを用いる。さらに，低周波数音の再生に特化したスピーカ（サブウーファ）を加えて，5.1チャネルとなる。これを6チャネルと呼ばないのは，サブウーファで再生されるのが低周波数の音に限られていることによる。またサブウーファ[†]については，図と異なる場所に配置することも多い。

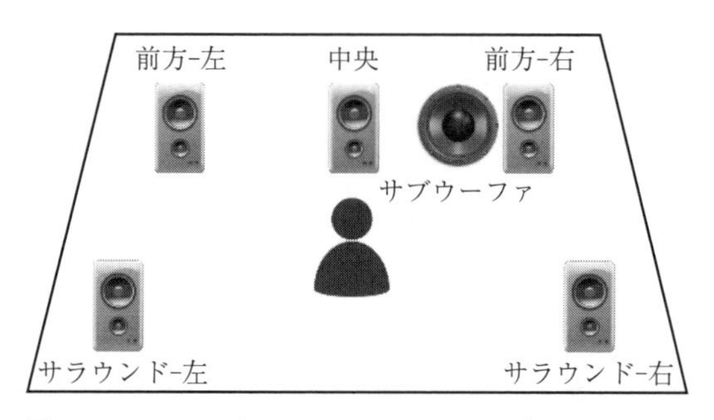

図2.24　5.1チャネルサラウンド再生のスピーカ配置の例

なお，サラウンドによる立体感の表現も基本的にはステレオと同じで，各スピーカ間の音の強度差によるものである。

2.6.3 バイノーラル録音

両耳間強度差と両耳間時間差の両方を精度良く再現するには，右の耳に入る音と左の耳に入る音を，それぞれ独立して制御してやればよい。反対側のスピーカからの音の混入を防ぐには，ヘッドホンを使用するのが簡単である。

† 低周波数の音ほど直進性が弱いため，どの方向に置くかの重要度は低い。

それでは，それぞれの耳に入る信号をどうやって作ればよいか。最も簡単なのは，左右の耳とまったく同じ環境に二つのマイクを置き，それぞれで録音した音を，そのまま左右の耳に聞かせてやればよい。このような録音方法を**バイノーラル録音**と呼ぶ。

バイノーラル録音の実施方法には，大きく分けて2種類ある。一つは**ダミーヘッド**と呼ばれる人間の（上半身の）模型を使うもので，もう一つは実際の人間の耳を使うものである。

ここで重要なのは，人間の耳に入ってくる音が，耳介（耳たぶ）や頭部，肩などによる複雑な反射の影響を受けているということである。そのため，両耳の位置座標だけを模擬してマイクを設置しても，それで録音した音からは，あまり臨場感を感じることができない。そのため，ダミーヘッドを用いて録音を行う場合でも，なるべく人間の身体に似た模型を作り，その耳介の奥にマイク素子を置く必要がある。また，耳介や上半身の反射の特性には個人性があるため，録音時に使ったダミーヘッドと似た体格や耳の形をした人ほど，臨場感のある音が聴こえるということになる。

実際の人間の耳を使ってバイノーラル録音を行う場合には，耳の奥にマイク素子を埋め込むことは難しいので，耳に入れて使うカナル型のヘッドホンの裏面にマイク素子を取り付けたものを使う。この場合，マイク素子の位置がわずかに外側になってしまうという問題はあるが，自分で録音する場合には耳や身体の形状は完全に一致するため，臨場感の高い音を聴くことができる。

なお，左右それぞれの耳に聴かせたい信号が決まった状況で，それをヘッドホンではなく通常のスピーカで聴かせることも，原理的には可能である。ただしそのためには，それぞれのスピーカから耳までの伝達関数を事前に正しく測定しておことが必要である。

図 2.25 は，二つのスピーカから両耳への音の伝搬の様子を図示したものである。これを各周波数成分の関係で表すと

$$y_1 = H_{11}x_1 + H_{21}x_2 \tag{2.100}$$

$$y_2 = H_{12}x_1 + H_{22}x_2 \tag{2.101}$$

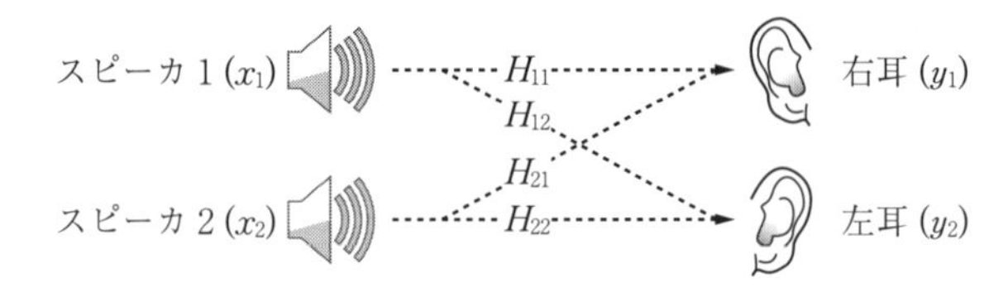

図 2.25　スピーカから両耳までの音の伝搬

となる（各成分は複素数）。これを行列とベクトルを使って書き直すと

$$\mathbf{y} = H\mathbf{x} \tag{2.102}$$

となる。仮に H が逆行列を持つとすると

$$\mathbf{x} = H^{-1}\mathbf{y} \tag{2.103}$$

として，耳元で実現したい信号 $\mathbf{y}$ から音源として再生すべき信号 $\mathbf{x}$ を逆推定することができる。こうした再生方法を**トランスオーラル再生**と呼ぶ。

トランスオーラル再生を使えば，原理的には二つのスピーカを使って任意の音を両耳に聴かせることができる。しかしこの理論が成り立つのは空間上の特定の場所に耳がある場合だけであり，聴取者が少しでも動いた場合，聴こえる音は大きく変わってしまうという問題がある。

2.6.4　頭部伝達関数

トランスオーラル再生では，スピーカから耳までの伝達関数を事前に測定しておくことが必要だと述べた。この伝達関数は，当然のことながら耳介や上半身の反射の影響を取り入れたものでなくてはならない。したがって，インパルス応答の測定はダミーヘッドやカナル式ヘッドフォンなどを使って行う必要がある。こうして得られた伝達関数はそれぞれの聴取者に固有のものとなり，**頭部伝達関数**（head-related transfer function，**HRTF**）と呼ばれる†。

頭部伝達関数は，音源と耳の相対的な位置関係および周辺の環境に依存する

---

† 厳密にいうと，音源から耳までの伝達関数を H とした場合，音源から耳付近までの空間の特性を表す H_0 と，聴取者自身の存在に起因する H_1 とを使って $H = H_0 H_1$ と表し，H_1 を頭部伝達関数と呼ぶべきであろう。しかし，実際に H を二つの不変な伝達関数の積として正確に表すことは容易ではないため，H そのものを頭部伝達関数と呼ぶことが多い。

ものであるが，壁や床，天井などの反射が十分に弱ければ，聴取者の身体に対する相対的な方向（仰角・方位角）のみによって決まると考えてよい。

図 2.26 は，水平面上で方位角を 90° ずつ変えたときに頭部伝達関数がどのように変わるかを表しており，横軸が音の周波数，縦軸が伝達関数の絶対値である。この図からもわかるように，頭部伝達関数はさまざまな周波数で山や谷を持ち，しかもその山や谷の場所は方向とともにさまざまに変わる。そして，さまざまな仰角・方位角に対してあらかじめ頭部伝達関数を測定しておけば，任意の音源に対してこれを畳み込むことにより，その聴取者に対してあたかも特定の方向から聞こえるような音を作ることができる。

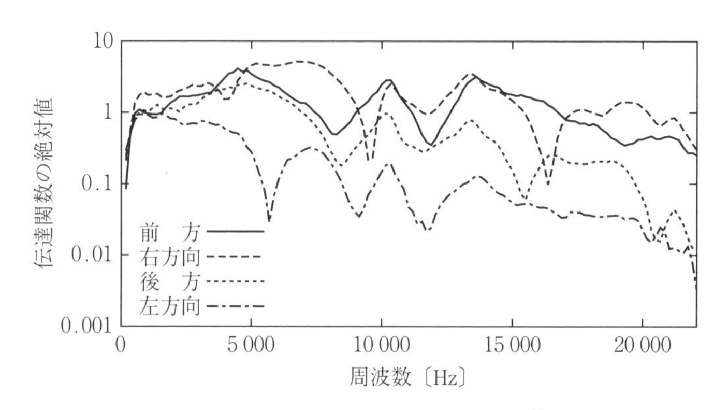

図 2.26 頭部伝達関数の例（CIPIC HRTF Database[13], dummy head, small pinna right をもとに作成）

両耳間強度差と両耳間時間差で音の方向を推定する方法は，左右の聞き分けには強いが前後の聞き分けには弱い。それは当然のことで，真正面の音と真上の音，それに真後ろの音を比べたとして，どの場合でも右耳に聞こえる音と左耳に聞こえる音はほとんど同じはずである。同様に，右前方 45° の音と右後方 45° の音を比べた場合でも，両耳間強度差や両耳間時間差は同じようなものだろう。ところが図 2.26 を見ると，前方と後方の間でずいぶんと伝達関数の様子が違っている。具体的には，低周波数では似たような値なのに対し，高周波数になると後方の感度が全体的に弱くなる。また 15 000 Hz 付近にある谷の位置も，両者で微妙に違っている。こうした違いがあるために，まったく同じ音を鳴らした場合でも，それが前方にあるか後方にあるかで聞こえ方が大きく違ってくることになる。

ただし，こうした音の特徴が伝達関数によるものなのか，それとも音源そのものによるものなのかを確実に聞き分けることはできない。例えば，15 000 Hz 付近の成分が弱い音が聞こえたとして，もともと全周波数でフラットな音が伝達関数のせいでそのように聞こえているのか，それともそういう周波数分布を持った音なのかは一般的にはわからない。逆にいうと，普段から聞きなれている音がいつもとちょっと違う音質に聞こえるとき，それは伝達関数の影響ではないかと想像ができるわけである†。

2.6.5 アクティブノイズコントロール

聴取者の耳の位置で所望の立体感を持つ音が再現できるのならば，同じような技術を使って，聴取者の耳の位置で音の振幅が 0 になるように音場を制御することはできないだろうか。もちろんこの場合の前提は，外部のコントロールできない音源から，雑音が伝搬してきているということである。そのような雑音を積極的にコントロールして聞こえないようにしてしまうという意味で，こうした技術は**アクティブノイズコントロール**と呼ばれる。

アクティブノイズコントロールの基本原理は，「空間上のある 1 点で，いま鳴っている音と**逆位相**となるような音響信号を発する」というものである。信号 $A\sin(2\pi ft)$ に対して $A\sin(2\pi ft+\pi)$ を加算してやればつねに 0 になるので，原理そのものはきわめて単純である。「逆位相でノイズを消す」というフレーズだけであれば，音響学の専門家でなくても一度ぐらいは聞いたことがあるかもしれない。

アクティブノイズコントロールの構成例を**図 2.27** に示す。ここでは参照用のマイクで取得した信号に対し，フィルタにより改変を行い再生する。再生した音と雑音とは，重ね合わせの原理に従って加算される。加算の結果がどれく

---

† とはいえ，人間の脳がいちいちそういうことを考えているわけではなく，そういう判断が無意識のうちに行われているということである。

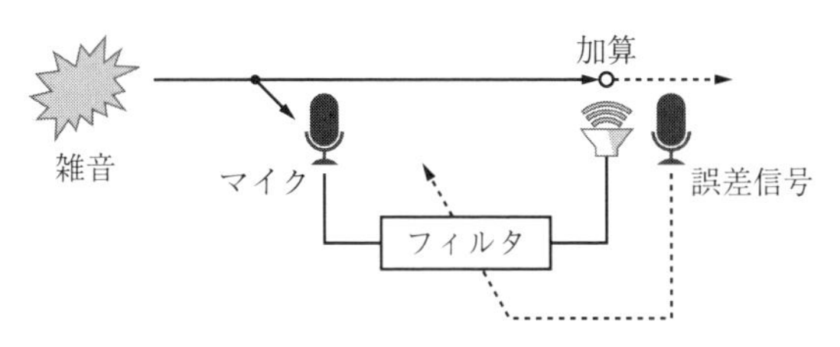

図 2.27 アクティブノイズコントロールの構成例

らい0に近づいたかは，誤差信号用のマイクで取り込まれ，フィルタ部に送られてパラメータ更新のための教師信号として用いられる。フィルタの動作は，原理的には位相を反転させるだけでよさそうに思えるかもしれないが，実際には，参照用マイクの地点から加算地点までの空間の伝達関数の影響なども補正しなければならないため，一般的なフィルタと同じようにパラメータ学習を行う必要がある。パラメータ学習は，誤差信号を0に近づければよいので，LMSアルゴリズムなどを使用することができる。

アクティブノイズコントロールの特性を考えるときに，重要なことが二つある。一つは，逆位相で打ち消し合うことができるのは空間中の1点だけ，ということである。もちろん，音源とまったく同じ場所から逆位相の音を発することができれば，空間のあらゆる場所で打ち消し合うようにすることも可能かもしれない。しかし実際にはそのようなことは不可能であり，ある場所で逆位相になった二つの音が，別の場所では必ずしも逆位相にはならないかもしれない。

それではどのようなときにアクティブノイズコントロールが有効なのかというと，一つはヘッドホンを使う場合で，このときはヘッドホン内部の1点だけで雑音を消すことができれば，目的は達せられたと言ってよいであろう。もう一つは筒状の空間を音が伝わる場合である。そのような場合，ほぼ一次元の空間を音が伝わっていくために，その直線上であれば二つの音波の位相関係がずっと保たれていく。この性質を利用し，ダクト内を伝わる雑音の消去などには特にアクティブノイズコントロールが用いられることが多い。

もう一つの重要な点は，雑音抑圧性能の周波数依存性である。逆位相による音の打ち消し合いの誤差は，距離ではなく音波の位相によって決まるため，長さの誤差を位相に直したとき，低周波数であれば影響が小さいものの高周波数では影響が大きくなってしまう。例えば1 cmの誤差があるとき，100 Hzの音に対しては0.02ラジアン程度の誤差にすぎないものが，10 kHzの音に対しては2ラジアンもの誤差となってしまう。そのため，アクティブノイズコントロールは特に低周波数の雑音を消すために使われることが多く，典型的な例としては飛行機のエンジン音の抑圧などによく用いられている。

2.6.6 スピーカアレイ

アクティブノイズコントロールのように，もともと存在する雑音を消すのではなく，スピーカから再生する音を特定の場所以外では聞こえないようにすることはできないだろうか。そのような試みとして，スピーカアレイとパラメトリックスピーカの二つを紹介する。

スピーカアレイ（ラインアレイスピーカ，ラインアレイなどとも呼ばれる）は，スピーカ素子を直線状にたくさん並べたものである。その構造を**図2.28**に示すが，これを見ると，マイクロホンアレイのところで紹介した遅延和ビームフォーマ（図2.15）と同じような構成になっていることがわかるだろう。

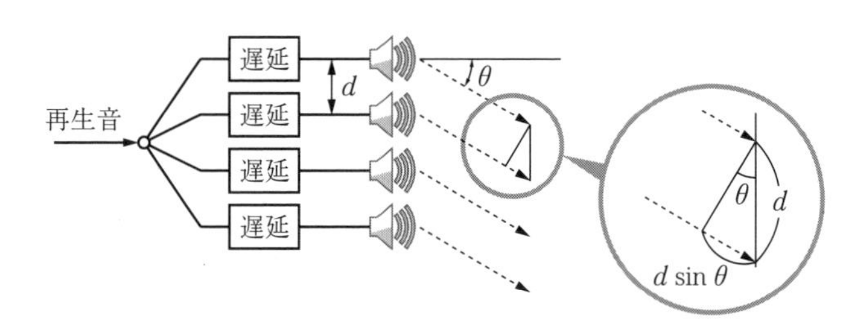

図2.28　スピーカアレイの概念図

直線状に並べたスピーカに対して角度θの方向で受信した場合，隣り合う信号には$d \sin\theta$の距離差がある。したがって，音速をcとしたときに音がこの距離を進むのにかかる時間$d \sin\theta/c$を，あらかじめ遅延を加えることで打ち消してしまえば，全体として位相がそろった信号を受け取り，音が強く聞こえることになる。

逆にそれ以外の方向で音がキャンセルし合って弱まるのは，遅延和ビームフォーマのときと同じ理屈である。そして，遅延の入れ方は自由に調整することができるので，音が強まる方向も自由に調整できるということになる。

マイクロホンアレイでは，遅延和ビームフォーマの他にも多種多様なアルゴリズムが考えられてきた。しかし，これらのアルゴリズムでは，各マイクで観測した信号を自由に演算できることを仮定している。一方，スピーカアレイでは，最後に複数スピーカの音が重ね合わせられるところは物理現象であり，単純な加算になってしまうことは避けられない。そのため，処理としては各スピーカ出力に遅延を入れるだけという単純なものにならざるをえない。

スピーカアレイの指向性は遅延和ビームフォーマと同じであり，横に並べたスピーカでは，水平面内で聞こえやすい方向と聞こえにくい方向を調整することができる。逆にいうと，例えば右側 45° の音が強くなるようにしたら，右真横だけでなく右上や右下の音も強くなる。スピーカを縦に並べた場合には垂直面内での調整が可能になり，例えば正面にはよく届くが上や下にはあまり届かないような音を出すことができる。

2.6.7 パラメトリックスピーカ

特定方向だけに音を聞こえさせるもう一つの方法は，**パラメトリックスピーカ**と呼ばれる。これは，音の周波数が高くなる（波長が短くなる）ほど回折が起きにくくなり直進性が増すという性質を利用し，人間に聞こえる音よりもずっと高い周波数（例えば 40 kHz）の超音波を利用する方法である。

もちろん，そんな高い周波数の音を人間の耳で聴くことはできない。そこで，40 kHz といった高い周波数の超音波に，人間の可聴域の周波数で変調をかける†。変調の例としては

---

† 変調をかける方式のほかに，40 kHz と 41 kHz というようにわずかに周波数の異なる二つの超音波を発し，それらが重なり合うところで，両者の周波数の差の周波数を持つ「うなり」を発生させるという方法もある。

$$y(t)=A\{1+x(t)\}\sin(2\pi f_c t) \tag{2.104}$$

で表される**振幅変調**（amplitude modulation, AM）や

$$y(t)=A\sin\left\{2\pi f_c t+2\pi k_f\int_{\tau=0}^{t}x(\tau)\,d\tau\right\} \tag{2.105}$$

で表される**周波数変調**（frequancy modulation, FM）などがある。

上の二つの式で人間に聴かせたい音の信号は $x(t)$ であり，これは可聴域の周波数成分からなるとする。これに対し，変調後の信号が $y(t)$ である。f_c は搬送波周波数で，超音波の帯域（40 kHz など）に設定する。つまり，振幅変調・周波数変調どちらの場合でも，短い時間でみると一定の周波数 f_c を持つ超音波のようにみえる。それを少し長い時間でみると，振幅あるいは周波数が少しずつ変化しているというわけである。

ちなみに，同じようなことを電波でやっているのが，AM ラジオ（電波の振幅変調）や FM ラジオ（電波の周波数変調）などである。

このように，変調された超音波が聴取者のところまで届くと空気の非線形性†により自己復調し，可聴域の音が聴こえるようになる。

パラメトリックスピーカはスピーカアレイと比べても音の指向性が高く，博物館やアミューズメント施設など，さまざまな場所で使用されている。また，超音波の特性として，壁などに当たるときれいに反射することを活かした応用も考えられる。一方，復調の仮定で音に歪みが生じてしまうなど，音質という点では問題もあり，音楽再生などの用途で使われるケースは必ずしも多くない。また，人間には聞こえていないとはいえ強い超音波を浴びせることになるわけで，健康面への配慮も怠ってはいけない。

演 習 問 題

〔**2.1**〕 式 (2.2) をもとに，弾性エネルギーと運動エネルギーを計算し，その和が

† ここでは圧縮と伸長が同じ速度で行われないことを表す。可聴域の音ではほとんど影響が出ないが，超音波では観測できるレベルの影響が現れる。

式 (2.4) と等しくなることを示しなさい。

〔2.2〕 $x(t) = \sin 200\,\pi t + \frac{1}{3}\sin 600\,\pi t + \frac{1}{5}\sin 1\,000\,\pi t + \frac{1}{7}\sin 1\,400\,\pi t$ がどんな波形になるか，表計算ソフトなどを使ってグラフを書いてみなさい。また，この関数のスペクトルはどんなグラフになるか示しなさい。

〔2.3〕 ダブルトーク検出器が，「遠端話者のシングルトーク」と判定したときは，エコーキャンセラのフィルタの更新を行うべきである。「ダブルトーク」と判定したときは，フィルタの更新をストップすべきである。では，「どちらかわからない」と判定したときには，どのような動作をすることが望ましいか説明しなさい。

〔2.4〕 16 個のマイクを間隔 d で直線状に並べ，それらで検知したサイン波の信号を加算したとき，その振幅が式 (2.63) で示されることを示しなさい。ただし δ は式 (2.60) で定義された値とする。

〔2.5〕 被験者 A のサイコロを見た被験者 B が，それと同じ目もしくはその裏にある目を五分五分の確率で送信する，という例で，A の信号と B の信号の相関係数が 0 になることを式 (2.87) を用いて確認しなさい。また，両者が独立ではないことを式 (2.88) を用いて確認しなさい。

〔2.6〕 目をつぶった状態で友達が自分を呼ぶ声が聞こえたが，その友達が真後ろにいることはすぐにわかった。その後で耳慣れない電子音が聞こえたが，その音は前から聞こえるのか後ろから聞こえるのかよくわからなかった。このような違いが起きた理由を説明しなさい。

3章 MATLAB / Scilab による音声音響信号処理の実践

◆ 本章のテーマ

本章は信号処理ツールであるMATLABあるいはMATLABと同様の機能を持つScilabを用いて，具体的に信号処理を行う手法を学ぶ。これらのツールは描画機能にも優れているため，視聴覚的に信号処理結果を実感できる。なお，本書に関係した信号処理の原理や理論は「メディア学大系」第4巻「マルチモーダルインタラクション」3章を参照されたい。

◆ 本章の構成（キーワード）

3.1　音声音響信号の入出力と描画
　　正弦波，サンプリング，周波数，デシベル
3.2　ディジタルフィルタ
　　z 変換，極，零点，伝達関数，安定性
3.3　効果音の生成
　　周波数変化音，ビブラート，リバーブ，スプライン関数，高調波
3.4　スペクトル分析
　　窓関数，フーリエ変換，スペクトログラム，カラーマップ
3.5　音声音響特有の信号処理
　　線形予測分析，ボコーダ，予測残差
3.6　音声認識と音声合成のための基本演算
　　ケプストラム，ピッチ抽出，残差相関法
3.7　楽器音の合成
　　シンセサイザ，倍音，VCA，ADSR

◆ 本章を学ぶと以下の内容をマスターできます

☞ ディジタル音信号の作成，音の入出力，ファイルへの入出力
☞ ディジタルフィルタの極と零点と周波数特性の関係
☞ チェビシェフフィルタやバターワースフィルタの使用法
☞ ピッチなど音声音響特有の特徴分析手法と線形予測分析を用いた音声合成
☞ 楽器音合成の基礎

3.1 音声音響信号の入出力と描画

3.1.1 本章におけるきまり

本章では，**表 3.1** のような記号や変数を用いる。本章中の斜体（イタリック体）の記号は変数を表し，sin などの三角関数は立体（ローマン体）で表記する。記号はなるべく MATLAB での表記に合わせてある。

表 3.1 本章で用いる記号や変数

名　称	記　号	名　称	記　号
IIR フィルタ係数（分母係数）	a	虚数部	q
		自己相関係数	r
FIR フィルタ係数（分子係数）	b	アナログ時間	t，τ
		くり返し周期	T
ケプストラム	c	単位円	u
距　離	d	入力信号	$x(t)$，$x(n)$
自然対数底	e	出力信号	$y(t)$，$y(n)$
周波数	f	入力周波数成分	$X(\omega)$，$X(k)$，$X(z)$
サンプリング周波数	f_s	出力周波数成分	$Y(\omega)$，$Y(k)$，$Y(z)$
ナイキスト周波数	$f_{\max}$	z 変換独立変数	z
基本周波数	$F0$	変　数	イタリック
インパルス応答	$h(t)$，$h(n)$	関　数	sin ( ) など
伝達関数	$H(\omega)$，$H(z)$	線形予測係数	α
ディジタル時間	i，n	サンプリング間隔	Δ
虚数単位	j	角　度	θ
次　数	k，l	角周波数	ω，λ
実数部	p		

3.1.2 ディジタル音信号の作成と出力

空気中を伝わる音波は，楽器の弦や振動板などの音源の振動体により，空気が圧縮されたり引き伸ばされたりすることにより生じる。**図 3.1** のような空気

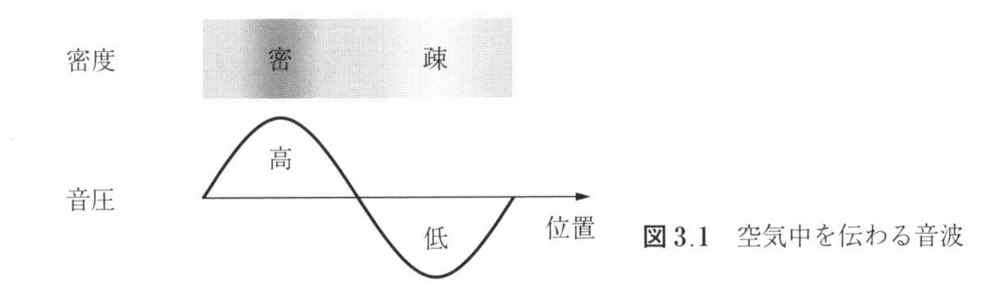

図 3.1 空気中を伝わる音波

が圧縮されて密な部分と引き伸ばされて疎な部分は，音源から離れる方向に伝わり，疎密波と呼ばれる。空気中を伝わる音波は，振動方向と進行方向が同じ縦波である。疎密波の空気が密な部分は空気の圧力が高く，疎な部分では圧力が低い。音の圧力のことを音圧と呼ぶ。

信号の取り扱いにおいて，時間の単位は秒〔s〕である。1 秒間の音圧の高低の繰り返し回数が周波数で，単位はヘルツ〔Hz〕である。音波は三角関数の正弦 sin により表すことができる。周波数 f〔Hz〕の音波の時刻 t〔s〕の値は，次式の正弦波で与えられる。

$$x(t)=\sin(2\pi\times f\times t) \tag{3.1}$$

これをディジタル信号として作成する。ディジタル信号では時間は離散的で，一定の時間間隔でのみ信号の値が存在する。この時間間隔のことをサンプリング間隔と呼ぶ。サンプルが 1 秒にいくつあるかが**サンプリング周波数**（サンプリングレート）である。サンプリング周波数 f_s とサンプリング間隔 Δ には以下の関係がある。なおプログラムではギリシャ文字は使えないので，Δ を d と表記する。

$$\Delta=\frac{1}{f_s} \tag{3.2}$$

コンパクトディスク（CD）では $f_s=44\,100$ Hz である。音のサンプリング周波数としては 8 000，11 025，22 050，44 100，16 000，48 000，96 000，192 000 Hz などが用いられる。Super Audio CD（SACD）では，2 822 400 Hz という非常に高いサンプリング周波数が用いられる。

周波数が 440 Hz のディジタル音信号は以下の式のように表される。n をサンプル番号とすると，$n\Delta$ が時間を表す。

$$x(n)=\sin(2\pi\times 440\times n\times\Delta) \tag{3.3}$$

ここで sin の引数は角度で，単位としてはラジアンを用いる。2π ラジアンが 1 回の振動に対応するので，440 Hz の音は 1 秒間に 2π ラジアンが 440 回繰り返されることになる。n を 0 から 44 100 まで変化させて $x(n)$ の値を求めれば，音信号が作成できる（**図 3.2**）。

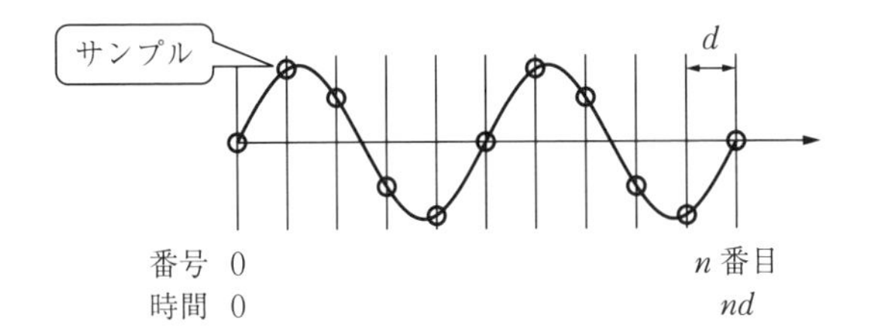

図 3.2 ディジタル正弦波信号

MATLAB でも Scilab でも，関数の引数としてベクトルを入力すれば各値に相当する関数値が計算され，ベクトルが出力される。したがって，時間のベクトルを sin 関数に入力すると，信号のベクトルをまとめて生成できる。サンプリング周波数 f_s が 44 100 Hz の場合の時間刻みベクトル t は，MATLAB，Scilab ともに以下のプログラムで作成できる。3 番目のコロン（:）を二つ用いた式により，0 から 1 まで，d 間隔で数値列が生成される。`disp` 関数により t の最初の 3 値が表示される。MATLAB 用のプログラムを（M）で，Scilab 用のプログラムを（S）で，共用のプログラムは（M，S）と表示することにする。

〈**プログラム 3.1（M, S）**〉

```
fs = 44100 ;
d = 1 / fs ;
t = 0 : d : 1 ;
disp( t( 1 : 3 ) ) ;
```

時間刻みベクトル t を用いて，440 Hz の音は関数 sin を用いた以下のプログラムで作成できる。MATLAB における円周率の定義は `pi` である。

〈**プログラム 3.2（M）**〉

```
x = sin( 2 * pi * 440 * t ) ;
```

Scilab における円周率の定義は `%pi` であるので，次式となる。

〈**プログラム 3.3（S）**〉

```
x = sin( 2 * %pi * 440 * t ) ;
```

なお，今後，`pi` を `%pi` に書き換えればよいだけの場合には，Scilab の命令の記述は省略する。

MATLAB の場合，音を出力するためには `audioplayer` と `play` を用いる。なお，`sound` を用いることもできる。

〈**プログラム 3.4 (M)**〉

```
ao = audioplayer( x , fs ) ;
play( ao ) ;
または,
sound( x , fs ) ;
```

Scilab では，音を出力するには以下の関数を用いる。

〈**プログラム 3.5 (S)**〉

```
playsnd( x , fs ) ;
または,
sound( x , fs ) ;
```

音の高さは周波数により設定する。前記の例では音の周波数を 440 Hz に設定したが，この周波数がどのくらいの音の高さに当たるかをピアノの鍵盤で考えてみよう。**図 3.3** にピアノの鍵盤 88 鍵の周波数分布を示す。440 Hz はピアノの鍵盤の中央より少し右寄りであることがわかる。ピアノの鍵盤で最も低い周波数は 27.5 Hz，最も高い周波数は 4 186 Hz である。

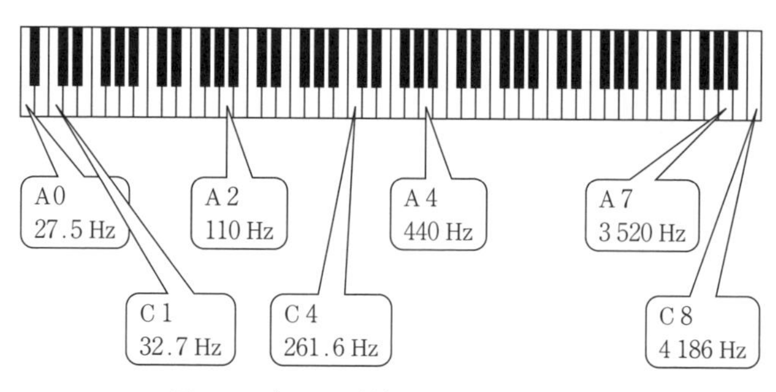

図 3.3　ピアノの鍵盤 88 鍵の周波数分布

3.1.3 音 の 入 力

MATLAB では，内臓マイクやオーディオ入力端子から，`audiorecorder` を含む以下の一連の命令により，音を収録できる。`record` により録音を開始する。`stop` をかけるまで録音が続くので注意が必要である。収録された音は `getaudiodata` により取り出すことができる。なお，音の取り出しは繰り返し行うことができ，録音開始時点から `getaudiodata` の命令が入力された時間までの音が取り出される。なお，収録時間を指定して録音する関数として recordblocking がある。

MATLAB において，サンプリング周波数 11 025 Hz，16 bit，1 チャネルで 2 秒間音を収録するには，以下のプログラムを実行すればよい。なお，これらをコマンドウィンドウに入力すれば実行できる。また，rokuon.m のように拡張子 .m を用いてファイルに保存し，そのファイルを実行することもできる。MATLAB では，% で始まるコメントをプログラム中に挿入できる。

〈**プログラム 3.6（M）**〉

```
ao = audiorecorder( 11025 , 16 , 1 ) ;
record( ao ) ;
pause( 2 ) ; % 2 秒間待つ
stop( ao ) ; % 収録終了
wave = getaudiodata( ao ) ;
```

Scilab において録音を行う際には，まず，モジュール管理のメニューから portaudio という Toolbox をインストールしておく必要がある。その後，以下のように，サンプル数 ns を指定して音を収録することができる。Scilab において，2 秒間の音を 1 チャネルで収録するプログラムを以下に示す。Scilab では，// で始まるコメント行をプログラム中に挿入できる。なお，このモジュールが見つからない場合がある。

〈**プログラム 3.7（S）**〉

```
fs = 22050 ;// サンプリング周波数
dur = 2 ; // 収録時間 ( 秒 )
ns = round( fs * dur ) ; // サンプル数
wave = pa_recordwav( ns , fs , 1 ) ;
```

3.1.4　ファイルへの保存と読み込み

MATLAB も Scilab も，WAV 形式で保存された音楽や音声ファイルから読み出したり，音をファイルに保存したりすることができる。MATLAB でも Scilab でも，シングルクォーテーション「'」で囲まれたものが文字列なので，例えばファイル名は，'sounddata.wav' のように与えることができる。

MATLAB では，audioread という関数で WAV 形式の音データファイルを読み込むことができる。WAV 形式のファイルはサンプリング周波数も保存されているので，波形データ以外にサンプリング周波数も読み出すことができる。また audiowrite という関数で音データをファイルに保存できる。音のデータを w，サンプリング周波数を fs とすると，以下のようにファイルへの入出力ができる。

〈**プログラム 3.8（M）**〉

```
[ w , fs ] = audioread( ファイル名 ) ;
audiowrite( ファイル名 , w , fs ) ;
```

Scilab では wavread と wavwrite を用いる。

〈**プログラム 3.9（S）**〉

```
[ w , fs ] = wavread( ファイル名 ) ;
wavwrite( w , fs , ファイル名 ) ;
```

audioread や wavread により，音の時系列データ w とサンプリング周波数 fs が得られる。なお，w はステレオデータの場合には，データ長を N とすると $N \times 2$ の行列として得られる。1 列目が左チャネル，2 列目が右チャネルである。size という関数を用いると，読み込まれたデータの次元がわかる。

3.1.5　波形とスペクトルの描画

MATLAB，Scilab ともに，波形の描画には plot という関数が用いられる。0 から π の 1/128 の間隔で 2π ラジアンまでの角度ベクトル omega を用意し，正弦波の 1 周期を描画してみよう。MATLAB の場合は以下のプログラムにより 1 周期の正弦波を描画できる（**図 3.4**）。

〈**プログラム 3.10（M）**〉

```
omega = 0 : pi/128 : 2 * pi ;
plot( omega , sin( omega ) ) ;
```

Scilab の場合は pi の代わりに %pi を用いる。

本シリーズ第 4 巻「マルチモーダルインタラクション」で解説したように，スペクトルや音量を描画するときには，縦軸を対数で表現することが多い。これに用いられるのが**デシベル**（**dB**）という単位である。パワー（音量）x に

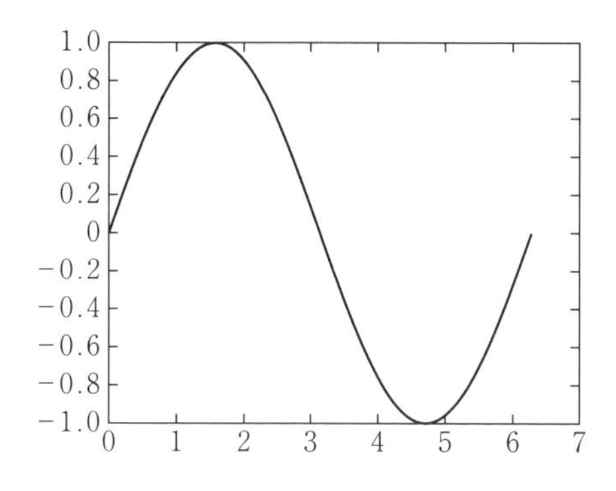

図 3.4　正弦波 1 周期の波形

対するデシベル値 y は以下の式で表される。

$$y = 10 \log_{10}(x) \tag{3.4}$$

電気信号においては，電圧の 2 乗が電力（パワー）に比例する。したがって，振幅の 2 乗が音量の次元となるので，x が振幅であればデシベル値の対数パワーは以上の式で求められる。

$$y = 20 \log_{10}(x) \tag{3.5}$$

収録されたディジタル音響信号に対してはこの式が用いられるが，物理的な音圧を基準にした単位として音圧レベル（sound pressure level, **SPL**）がある。単位はデシベル（dB）である。人が知覚できる最も小さい音の音圧は $p_0 = 20\ \mu\mathrm{Pa}$ であり，音圧レベルはこの音圧 p_0 を 0 デシベルとする単位である。

$$\left.\begin{aligned} SPL &= 10 \log_{10}\left(\frac{p}{p_0}\right)^2 \\ &= 20 \log_{10}\left(\frac{p}{p_0}\right) \\ p_0 &= 20\ \mu\mathrm{Pa} \end{aligned}\right\} \tag{3.6}$$

縦軸と横軸をともに対数で描画するには，MATLAB においては `loglog` という関数が用いられる。例えば，低域通過フィルタの周波数特性を表す関数

$$y = \frac{1}{1 + x^2} \tag{3.7}$$

は，MATLAB の場合には以下のプログラムで両対数の描画ができる（**図 3.5**）。

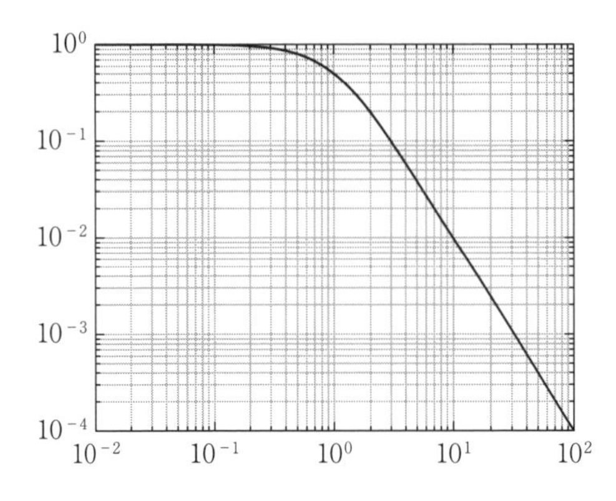

図 3.5　両対数で描画した低域通過フィルタの伝達関数

〈**プログラム 3.11（M）**〉

```
x = 0.01 : 0.01 : 100;
loglog( x , 1 ./ ( 1 + x.^2 ) ) ;
grid ;
```

Scilab の場合は，`plot2d` の関数の `logflag` のオプションを `ll` にするという方法をとる。

〈**プログラム 3.12（S）**〉

```
x = 0.01 : 0.01 : 100;
plot2d( x , 1 ./ ( 1 + x.^2 ) ,logflag='ll') ;
xgrid ;
```

片対数で描画するためには，MATLAB の場合は専用の関数がある。

x 軸が対数　　semilogx

y 軸が対数　　semilogy

Scilab の場合は `logflag` のオプションを指定する。

x 軸が対数　　logflag='ln'

y 軸が対数　　logflag='nl'

3.2　ディジタルフィルタ

3.2.1　通過帯域によるフィルタの分類

信号に対するフィルタは信号成分を選り分けるものである。音響信号に対するフィルタは，通過する周波数を選り分けることになる。通過する周波数帯域（band）によってフィルタを分類すると，**表 3.2** のような 4 種類に分けられる。

表 3.2　通過帯域によるフィルタの分類

フィルタの種類	特　徴
低域通過フィルタ（low-pass filter）	低周波のみ通過
高域通過フィルタ（high-pass filter）	高周波のみ通過
帯域通過フィルタ（band-pass filter）	特定の周波数帯域のみ通過
帯域消去フィルタ（band-elimination filter）	特定の周波数帯域を消去

フィルタの周波数成分の通過率は，**伝達関数**（transfer function）あるいは周波数特性と呼ばれる。また，フィルタの特性を規定する値として，中心周波数，**遮断周波数**（cutoff frequency），**Q 値**などがある（**図 3.6**）。遮断周波数は通過する信号のエネルギーが 1/2 となる周波数である。Q 値というのは，中心周波数を**通過帯域幅**（passing bandwidth）で割ったもので，帯域幅が狭ければ大きな値となる。

$$Q\ 値 = \frac{中心周波数}{通過帯域幅} \tag{3.8}$$

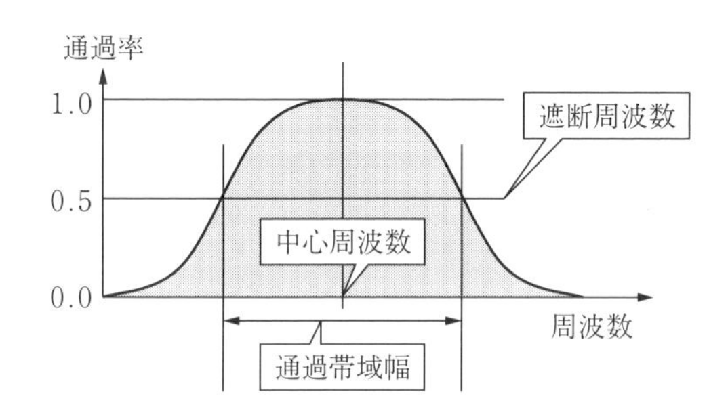

図 3.6　フィルタの特性を規定する値

図 3.7 は，「おもしろい」と発声した音声のサウンドスペクトログラムである。横軸は時間，縦軸は周波数で，赤-黄-緑-青の順に音の成分が弱くなる。これに，3 ～ 4 kHz の通過帯域を持つ低域フィルタを通した音声のスペクトログラムを**図 3.8** に示す。

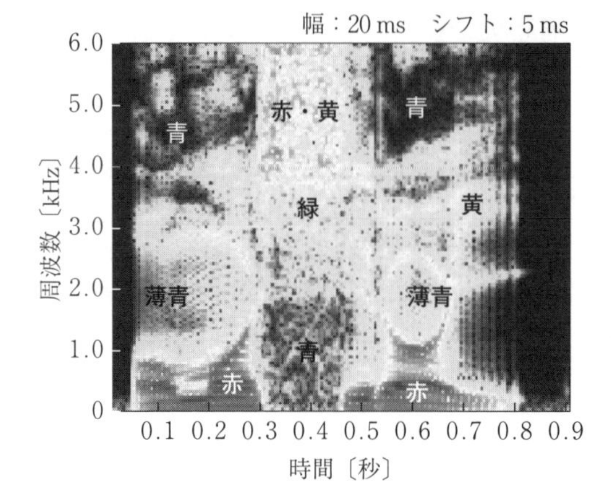

図 3.7　音声のサウンドスペクトログラム（実際の色は本書のホームページ参照）

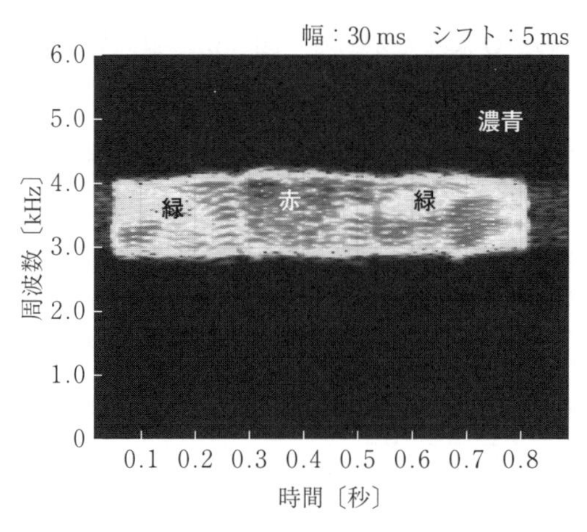

図 3.8　3～4 kHz のバンドパスフィルタを通した音声のスペクトログラム（実際の色は本書のホームページ参照）

3.2.2　時間領域と周波数領域

フィルタには，**時間領域**（time domain）と**周波数領域**（frequency domain）の表現がある。時間領域とは時間の関数としての表現であり，周波数領域とは周波数の関数としての表現である。時間領域では t を時間とし，入力信号を $x(t)$，フィルタからの出力信号を $y(t)$ とする。周波数領域では，通常周波数 f に 2π を乗じた**角周波数** $\omega=2\pi f$ の関数として表される。入力信号の周波数成分を $X(\omega)$，出力信号の周波数成分を $Y(\omega)$ とする。時間領域の信号は，

フーリエ変換により周波数領域の信号に変換できる。

$$X(\omega)=\int_{-\infty}^{\infty} x(t)e^{-j\omega t}dt \tag{3.9}$$

ここで j は虚数単位である。数学では虚数単位は i で表されるが，信号処理においては j で表されることが多い。入力信号が音の場合には，この角周波数の関数は周波数成分分布すなわちスペクトルに当たる。この指数関数部分は**オイラーの公式**によれば

$$e^{-j\omega t}=\cos(\omega t)-j\sin(\omega t) \tag{3.10}$$

であり，正弦波の直交性を用いた周波数成分抽出に対応することが理解できる。

これに対し，周波数成分から波形を求める逆フーリエ変換があり，元の時間領域の信号に戻すことができる。なお，$X(\omega)$ は複素数なので取り扱いには注意が必要である。

$$x(t)=\int_{-\infty}^{\infty} X(\omega)e^{j\omega t}d\omega \tag{3.11}$$

時間幅が限りなく 0 に近く，時間積分値が 1 となる関数を**デルタ関数**と呼ぶ。デルタ関数をフィルタに入力したときの出力の時間変化を，**インパルス応答**という。フィルタのインパルス応答 $h(t)$ のフーリエ変換は周波数の関数となり，**伝達関数**と呼ばれる。フィルタの伝達関数を $H(\omega)$ とすると，インパルス応答と伝達関数の関係は以下のようになる。

$$H(\omega)=\int_{-\infty}^{\infty} h(t)e^{-j\omega t}dt \tag{3.12}$$

入力信号のフーリエ変換が入力信号の周波数成分分布を表すのと同様に，伝達関数はインパルス応答の周波数成分分布を表す。インパルスはすべての周波数を均等に含むので，インパルス応答のフーリエ変換である伝達関数は，周波数成分をどのくらい通すかを表していることになる。なお，入力信号の場合と同様に，伝達関数の逆フーリエ変換によりインパルス応答が求まる。

式 (3.12) の指数関数の肩の $j\omega$ を，$s=r+j\omega$ のように純虚数から実数部を含む複素数にした**ラプラス変換**に置き換える。

$$H(s)=\int_0^{\infty} h(t)e^{-st}dt \tag{3.13}$$

つぎに，ラプラス変換の時間を離散化する。サンプリング間隔をΔとすると，時間はサンプル番号をnとして$t=n\Delta$と表される。これをラプラス変換の式に適用すると

$$H(s)=\int_0^{\infty} h(n\Delta)e^{-sn\Delta} \tag{3.14}$$

となる。ここで$z=e^{s\Delta}$と置くと

$$H(z)=\sum_{n=0}^{\infty} h(n)z^{-n} \tag{3.15}$$

となる。これがディジタル信号のラプラス変換に当たるz**変換**である。

以下のように指数関数の肩を虚数項のみとすれば，ディジタル信号におけるフーリエ変換と考えることができる。

$$e^{-j\omega\Delta}=z^{-n} \tag{3.16}$$

$|e^{-j\omega\Delta}|=1$であるから，定常的な信号に対する伝達関数は，横軸を実数，縦軸を虚数とするz平面（複素平面）で，単位円と呼ばれる半径1の円上の値に相当する。zの式をさらに変形すると，サンプリング周波数に依存しない表現が可能となる。サンプリング間隔がサンプリング周波数の逆数であり，サンプリング周波数の1/2が最高周波数$f_{\max}$なので，以下のように変形できる。

$$\left.\begin{aligned} z &= e^{j\omega\Delta} \\ &= e^{j2\pi f\Delta} \\ &= e^{j2\pi f\frac{1}{2f_{\max}}} \\ &= e^{j\pi\frac{f}{f_{\max}}} \\ &= e^{j\lambda} \end{aligned}\right\} \tag{3.17}$$

この式で，$-f_{\max}\leqq f\leqq f_{\max}$であり，正規化された角周波数$-\pi\leqq\lambda\leqq\pi$により表現できる。

$$\lambda=2\pi\frac{f}{2f_{\max}} \tag{3.18}$$

図 3.9 のように，$\lambda=-\pi$ と $\lambda=\pi$ がそれぞれ，最低周波数と最高周波数に当たる。

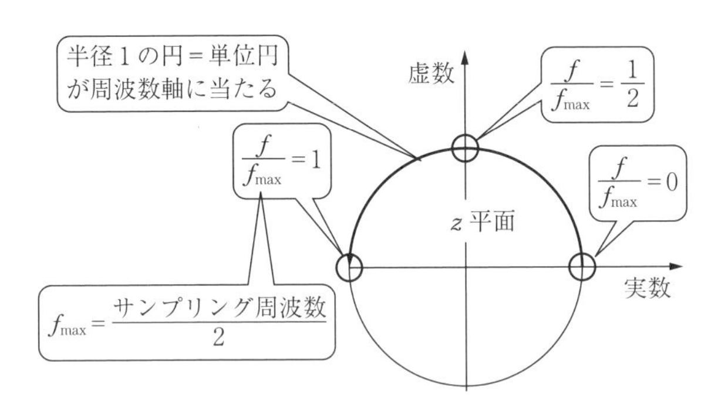

図 3.9　複素平面上での単位円が周波数軸に相当する

3.2.3　フィルタ演算

ディジタル信号においては，時間原点において値 1 を持ち，それ以外の時間では 0 である信号をインパルスと呼ぶ。数学的にはクロネッカーの**デルタ関数**である。数式では以下のように表される。

$$x(n)=\begin{cases} 1 & (n=0) \\ 0 & (otherwise) \end{cases} \tag{3.19}$$

ディジタル信号では時間は離散的であり，振幅が時間とともに変化するインパルス列とみなすことができる。したがって，出力信号 $y(n)$ は入力信号 $x(n)$ の各時点のインパルスにより出力されるインパルス応答 $h(m)$ の足し合わせとなり，以下の式により表される。

$$y(n)=\sum_{m=0}^{\infty} x(n-m)h(m) \tag{3.20}$$

この式は，ディジタル信号における**重畳積分**（ちょうじょう）（**コンボリューション**：convolution）である。n を現時点とすると，$x(n-m)$ は m 時点前の信号を表す。この信号は m 時点経過しているので，値はインパルス応答 $h(m)$ を乗じた値になっている。これらの各時点のインパルス応答の総和が，現時点 n における出力信号の値となる。

例えば，入力信号時系列が

　1　　2　　1

フィルタのインパルス応答が

　1　　1

である場合には，入力振幅に応じてインパルス応答が出力され，その総和が出力となるので，出力は以下のように計算される。

1	*1*		
	2	*2*	
+		*1*	*1*
1	*3*	*3*	*1*

MATLAB においては，convolution は conv という関数により求められる。

〈**プログラム 3.13 (M)**〉

```
x = [ 1 2 1 ] ;
h = [ 1 1 ] ;
y = conv( x , h ) ;
disp( y ) ;
```

Scilab では，convol という関数を用いてコンボリューションの演算ができる。

〈**プログラム 3.14 (S)**〉

```
y = convol( x , h ) ;
```

これにより，上記筆算と同じ演算結果が表示される。出力信号 $y(n)$ が，入力信号 $x(n)$ とインパルス応答 $h(n)$ のコンボリューションにより求まる。この式全体の z 変換を求めてみると以下のようになる。

$$\left.\begin{aligned} Y(z) &= \sum_{n=0}^{\infty} y(n) z^{-n} \\ &= \sum_{n=0}^{\infty} \sum_{m=0}^{\infty} x(n-m) h(m) z^{-n} \\ &= \sum_{n=0}^{\infty} \sum_{m=0}^{\infty} x(n-m) z^{-n} h(m) \\ &= \sum_{n=0}^{\infty} \sum_{m=0}^{\infty} x(n-m) z^{-(n-m)} z^{-m} h(m) \end{aligned}\right\} \tag{3.21}$$

$$
\left.
\begin{aligned}
&=\sum_{n=0}^{\infty} x(n-m)z^{-(n-m)}\sum_{m=0}^{\infty} h(m)z^{-m}\\
&=X(z)H(z)
\end{aligned}
\right|
$$

時間領域では，フィルタリングの演算はコンボリューションの演算であった。z で表される周波数領域では，入力信号のスペクトルすなわち周波数分布とフィルタの伝達関数の積となっていることがわかる。

入力信号をそのまま出力するインパルス応答

$$
h(n)=\begin{cases} 1 & (n=0)\\ 0 & (otherwise) \end{cases} \tag{3.22}
$$

の z 変換は，以下のように1となる。このフィルタは入力がそのまま出力となる。

$$
\left.
\begin{aligned}
H(z)&=\sum_{n=0}^{\infty} h(n)z^{-n}\\
&=z^{0}\\
&=1
\end{aligned}
\right\} \tag{3.23}
$$

伝達関数が周波数によらず1であるということは，インパルスがすべての周波数を均等に含むことを示している。つぎに，インパルス応答 $h(n)$ が1サンプル遅れた時点に1の値を持つ場合を考えてみる。

$$
h(n)=\begin{cases} 0 & (n=0)\\ 1 & (n=1)\\ 0 & (otherwise) \end{cases} \tag{3.24}
$$

の z 変換は以下のようになる。

$$
\left.
\begin{aligned}
H(z)&=\sum_{n=0}^{\infty} h(n)z^{-n}\\
&=z^{-1}
\end{aligned}
\right\} \tag{3.25}
$$

このインパルス応答では，1サンプル遅れて入力と同じ信号が出力される。すなわち，z^{-1} は1サンプル遅らせるフィルタとなっていることがわかる。1サンプル遅れた信号は $x(n-1)$ で表される。この z 変換を求めてみると以下のようになり，z^{-1} が伝達関数として入力信号の z 変換に乗算されていることがわかる。

$$
\left.\begin{aligned}
Y(z) &= \sum_{n=-\infty}^{\infty} x(n-1)z^{-n} \\
&= \sum_{m=-\infty}^{\infty} x(m)z^{-(m+1)} \\
&= z^{-1}\sum_{m=-\infty}^{\infty} x(m)z^{-m} \\
&= z^{-1}X(z)
\end{aligned}\right\} \tag{3.26}
$$

この結果と，式 (3.24) の伝達関数を求めた式 (3.25) とを比較してほしい。

それでは，隣接する信号値の和をとるフィルタを考えてみよう。以下の式から，このフィルタの伝達関数は $1+z^{-1}$ であることがわかる。

$$
\left.\begin{aligned}
Y(z) &= \sum_{n=0}^{\infty}\bigl(x(n)+x(n-1)\bigr)z^{-n} \\
&= X(z)+z^{-1}X(z) \\
&= \left(1+z^{-1}\right)X(z)
\end{aligned}\right\} \tag{3.27}
$$

3.2.4 FIR フィルタと IIR フィルタ

FIR フィルタ（finite impulse response filter）は，インパルス応答が有限長であるという意味である。一方，**IIR フィルタ**（infinite impulse response filter）は，インパルス応答が無限長であるという意味である。本項ではこれらのフィルタの基本的な違いを説明する。

インパルス応答が有限であるか無限であるかの違いは，出力の入力側への「フィードバック」の有無により生じる。FIR フィルタではフィードバックはなく，IIR フィルタにはフィードバックがある。FIR フィルタは移動平均型（moving average）という別名がある。これに対し，IIR フィルタは自己回帰型（auto-regressive）という別名がある。

図 3.10 は FIR フィルタのディジタル回路例を示す。

図 3.10 において，D（delay）は 1 サンプル遅らせる機能を表す。内部にインパルス応答の値である $h(1)$ などが記載された三角形の記号はアンプ（増幅器）であり，記載された値が乗算される。乗算された値の総和 $y(n)$ が出力となる。この図では 4 本の下方向の枝が出ているが，この数をタップ数と呼ぶ。ディジタル回路では，クロックパルスと呼ばれる同期信号に同期して，データが移動したり演算が行われたりする。入力信号 $x(n)$ に対し，$x(n-1)$ は 1 サンプル前の信号の値を表す。このフィルタの回路は，式 (3.20) のコンボリューションに対応する。

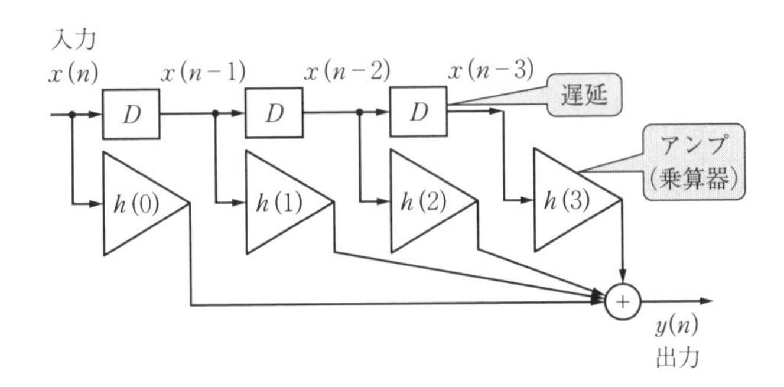

図 3.10　FIR フィルタのディジタル回路例

3.2.5　フィルタの周波数特性

隣どうしの信号値の和をとるフィルタの z 変換は，式 (3.27) で示したように $1+z^{-1}$ により表される。

この式の z を

$$z=e^{j\omega\Delta} \tag{3.28}$$

$$f_{\max}=\frac{1}{2\Delta} \tag{3.29}$$

により書き換えると以下のようになる。

$$
\left.
\begin{aligned}
H(\omega) &= 1 + z^{-1} \\
&= 1 + e^{-j2\pi f\Delta} \\
&= 1 + \cos(2\pi f\Delta) - j\sin(2\pi f\Delta) \\
|H(f)|^2 &= 2 + 2\cos\left(\pi \frac{f}{f_{\max}}\right) \\
|H(f)| &= 2\cos\left(\frac{\pi}{2}\frac{f}{f_{\max}}\right)
\end{aligned}
\right\}
\tag{3.30}
$$

すなわち，伝達関数の形状は cos で，$f=0$ では 2 の値をとり，$f=f_{\max}$ では 0 となる。$f_{\max}$ はサンプリング定理により，サンプリング周波数の 1/2 である。すなわち，隣り合う 2 サンプルの和をとるフィルタは低域通過フィルタとなっていることがわかる。

MATLAB を用いると，z の式から直接伝達関数の形状を描画できる。z は複素数なので，関数 abs により絶対値をとり描画する。

〈**プログラム 3.15（M）**〉

```
omega = 0 : pi/50 : pi ;
z = exp(  i * omega ) ;
plot( omega, abs( 1 + z.^(-1) ) ) ;
grid ;
```

.^(-1) はベクトルの各要素ごとに (-1) 乗する演算記号である。Scilab では，pi の代わりに %pi，i の代わりに %i を用い，grid の代わりに xgrid を用いればよい。これにより得られる伝達関数が**図 3.11** である。

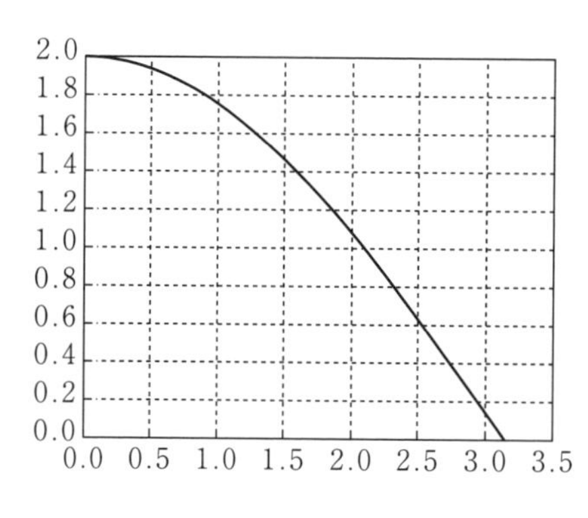

図 3.11　隣接サンプルの和をとるフィルタの伝達関数

同様に隣どうしの差をとるフィルタの z 変換は，$1-z^{-1}$ により表される。

Scilab を用いると，以下のように伝達関数を描画できる。

〈**プログラム 3.16（S）**〉

```
omega = 0 : %pi/50 : %pi ;
z = exp( %i * omega ) ;
plot( omega, abs( 1 - z.^(-1) ) ) ;
xgrid ;
```

MATLAB では `%pi` の代わりに `pi` を，`xgrid` の代わりに `grid` を用いれば同様の描画が得られる。この描画から，隣接サンプルの差をとるフィルタは高域通過フィルタとなっていることがわかる（**図 3.12**）。

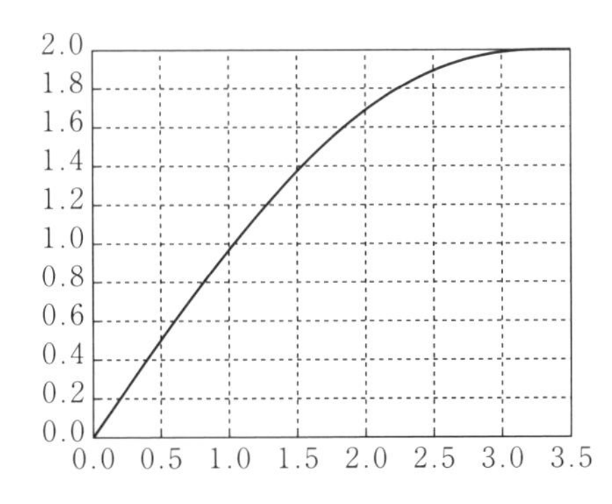

図 3.12　隣接サンプルの差をとるフィルタの伝達関数

隣り合う 3 点の和をとるフィルタの伝達関数を Scilab により求めてみよう。伝達関数は

$$H(z)=1+z^{-1}+z^{-2} \tag{3.31}$$

となるので，以下のプログラムより伝達関数の形状を描画できる。

〈**プログラム 3.17（S）**〉

```
omega = 0 : %pi/50 : %pi ;
z = exp( %i * omega ) ;
plot( omega, abs( 1 + z.^(-1) + z.^(-2) ) ) ;
xgrid ;
```

図 3.13 を見ると，隣接 3 サンプルの和をとるフィルタでは，周波数 0 と最高周波数の間に，出力がゼロになる周波数があることがわかる。このような場所を零点（ぜろてん）と呼ぶ。

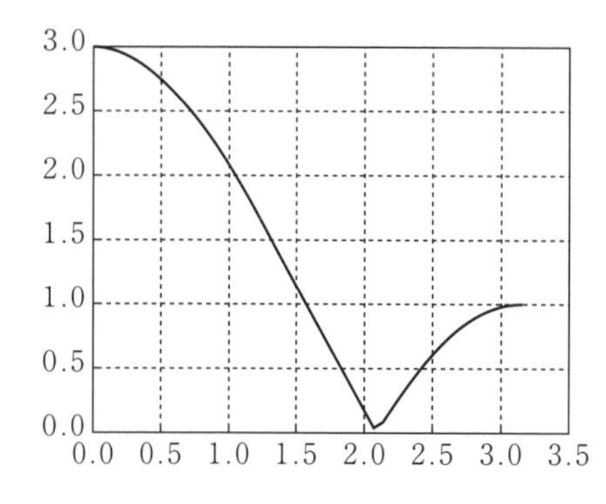

図 3.13　隣接 3 サンプルの和をとるフィルタの伝達関数

3.2.6　極　と　零　点

複素平面上で値が∞になる場所を**極**（きょく）（pole），値が 0 になる場所を**零点**（zero）と呼ぶ（**図 3.14**）。複素平面上で，単位円が周波数軸に当たることはすでに述べた。したがって，単位円上に極があれば伝達関数の値は∞となり，零点があれば値は 0 となる。ただし，極や零点は必ずしも単位円上にあるとは限らない。フィルタは極や零点の位置によりさまざまな特性を示す。以降においては，それを明らかにする。

隣接 3 サンプルの和をとるフィルタの伝達関数 $H(z)$ を因数分解してみる。

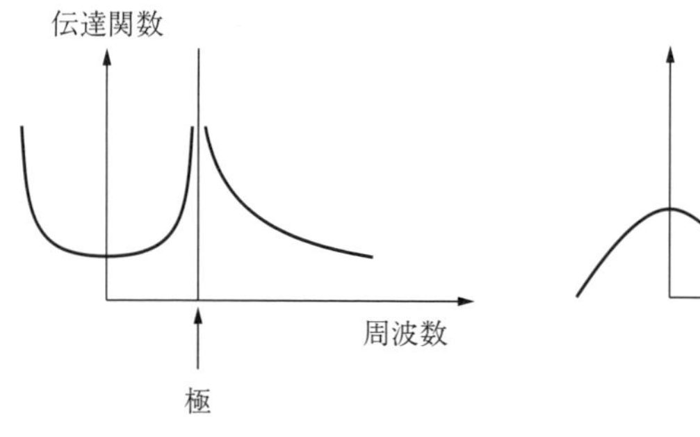

（a）　極：伝達関数の分母が 0 になる

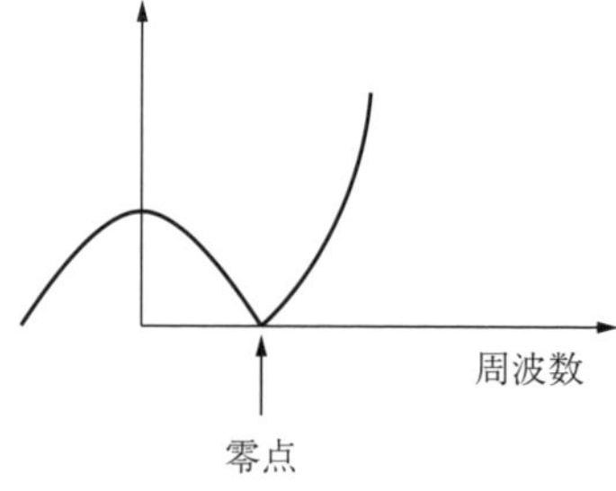

（b）　零点：伝達関数の分子が 0 になる

図 3.14　極　と　零　点

$$
\left.
\begin{aligned}
H(z) &= z^{0} + z^{-1} + z^{-2} \\
&= \frac{z^{2} + z + 1}{z^{2}} \\
&= \frac{\left(z - e^{j\frac{2\pi}{3}}\right)\left(z - e^{j\frac{2\pi}{3}2}\right)}{z^{2}}
\end{aligned}
\right\}
\tag{3.32}
$$

この式によると，$z = e^{j\frac{2\pi}{3}}, e^{j\frac{2\pi}{3}2}$ において，$H(z)$ が0になることがわかる。また，$z=0$ において，$H(z)$ が∞になることがわかる。値が0になる点が零点，値が∞になる点が極であるから，隣接3サンプルの和をとるフィルタの零点は $z = e^{j\frac{2\pi}{3}}, e^{j\frac{2\pi}{3}2}$，極は $z=0$ である。分子の z の多項式の係数列を `b`，分母の z の多項式の係数列を `a` とすると，MATLAB では，極と零点は `zplane` という関数を用いることにより**図3.15**のように描画できる。`b` と `a` の意味については，後出のフィルタの一般形のところで再度説明する。

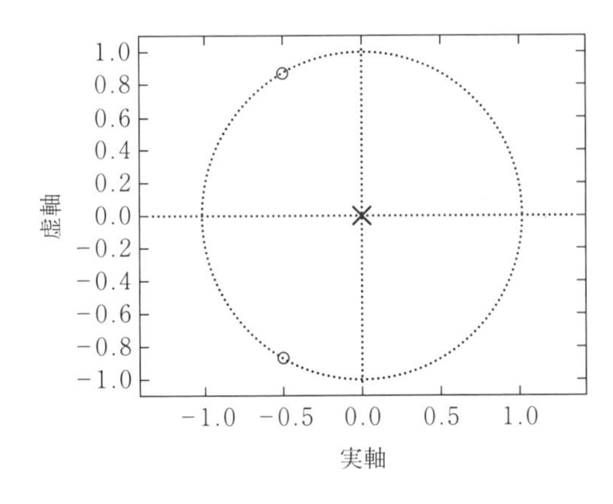

図3.15　隣接する3サンプルの和をとるフィルタの極（×）と零点（○）

〈**プログラム3.18（M）**〉

```
b = [ 1 , 1 , 1 ] ;
a = [ 1 , 0 , 0 ] ;
zplane( b , a ) ;
```

Scilab で零点と極を描画するには，線形システムを定義する `syslin` という関数と，極と零点を描画できる `plzr` という関数を用いる。

〈**プログラム 3.19 (S)**〉

```
z = poly( 0 , 'z' ) ;
n = 1 + z.^(-1) + z.^(-2) ;
d = 1 ;
h = syslin( 'c' , n./d ) ;
plzr(h) ;
```

これだけでは，単位円が表示されない。単位円は，以下により描くことができる。

〈**プログラム 3.20 (S)**〉

```
c = exp(  %i * ( 0 : %pi/128 : 2 * %pi ) ) ;
plot( real(c)  , imag(c)  ) ;
```

この**図 3.16** では，極が座標の原点に，零点が単位円の円周上にあることがわかる。

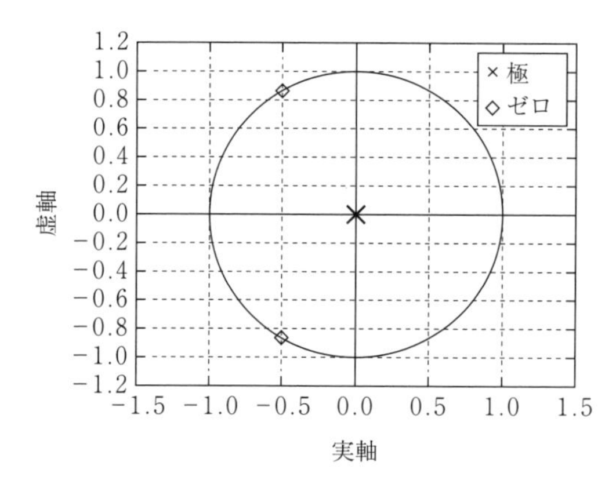

図 3.16　隣接 3 サンプルの和をとるフィルタの極と零点の位置

それでは，極や零点が円周上や原点以外にある場合について考えてみよう。インパルス応答が

$$h(n) = (1, 1, 0.74) \tag{3.33}$$

である FIR フィルタの伝達関数を調べてみよう。伝達関数は以下の式になる。

$$\left.\begin{aligned} H(z) &= h(0)z^{0} + h(1)z^{-1} + h(2)z^{-2} \\ &= 1 + z^{-1} + 0.74\,z^{-2} \\ &= \frac{(z+0.5)^2 + 0.7^2}{z^2} \end{aligned}\right\} \tag{3.34}$$

したがって，零点は $z_z = -0.5 \pm 0.7j$ となる。

一般的に，FIR フィルタのタップの係数はインパルス応答 $h(n)$ に対応する。タップ数が 3 である FIR フィルタの伝達関数は z^{-1} の 2 次式となる。

$$
\left.\begin{aligned}
h(0) &= 1 \\
h(1) &= -2z_x \\
h(2) &= z_x^2 + z_y^2
\end{aligned}\right\} \tag{3.35}
$$

とおくと，以下のような式に変形できる。

$$
\left.\begin{aligned}
H(z) &= 1 - 2z_x z^{-1} + \left(z_x^2 + z_y^2\right) z^{-2} \\
&= \frac{\left(z - z_x\right)^2 + z_y^2}{z^2}
\end{aligned}\right\} \tag{3.36}
$$

これより，零点の座標は以下であることがわかる。

$$
z_z = z_x \pm j z_y \tag{3.37}
$$

なお，極は $z_p = 0$ である。また容易に推察できるが，FIR フィルタでは極の位置はつねに $z_p = 0$ となる。

FIR フィルタの零点と，伝達関数の形状の関係を分析するプログラムを作成してみよう。z 平面上で $(p,\ q)$ を零点とするフィルタの伝達関数は，MATLAB の場合は以下のプログラムで求められる。伝達関数を描画する図と零点を入力するための二つの図がディスプレイに表示されるが，重なって表示されることがあるので，2 図面が見やすいようにマウスでドラッグして移動する。

〈**プログラム 3.21（M）**〉

```
p = 0.5 ; q = 0.7 ;  %零点の初期位置
z = exp( i * ( 0 : pi/128 : pi ) ) ;  %周波数軸の半円
while p^2 + q^2 < 1 ;  %クリック位置が単位円外ならループ脱出
   b = [ 1 , - p * 2 , ( p^2 + q^2 ) ] ;
   a = [ 1 , 0 , 0 ] ;
   m = 1 - p * 2 * z.^(-1) + ( p^2 + q^2 ) * z.^(-2) ;
   figure(1) ; clf ; plot( abs(m) ) ;  %伝達関数プロット
   figure(2) ; clf ; zplane( b , a ) ;  %極と零点プロット
```

```
   drawnow ;
   figure(2) ;
   [ p , q ] = ginput(1) ;      %p は実数軸座標，q は虚数軸座標
end ;
```

ginput は座標（p，q）を読み込む関数である。マウスクリックした位置に零点が表示されるとともに，フィルタの伝達関数が表示される（**図 3.17**）。また，単位円外をマウスクリックすると停止する。マウスクリックした座標から原点からの距離がわかるので，それが 1 以下の場合に繰り返しが継続される。

Scilab の場合は，単位円を描画するための変数 u を用意する必要がある。locate は MATLAB における ginput と同様，マウスクリックにより座標を読み込む関数である。

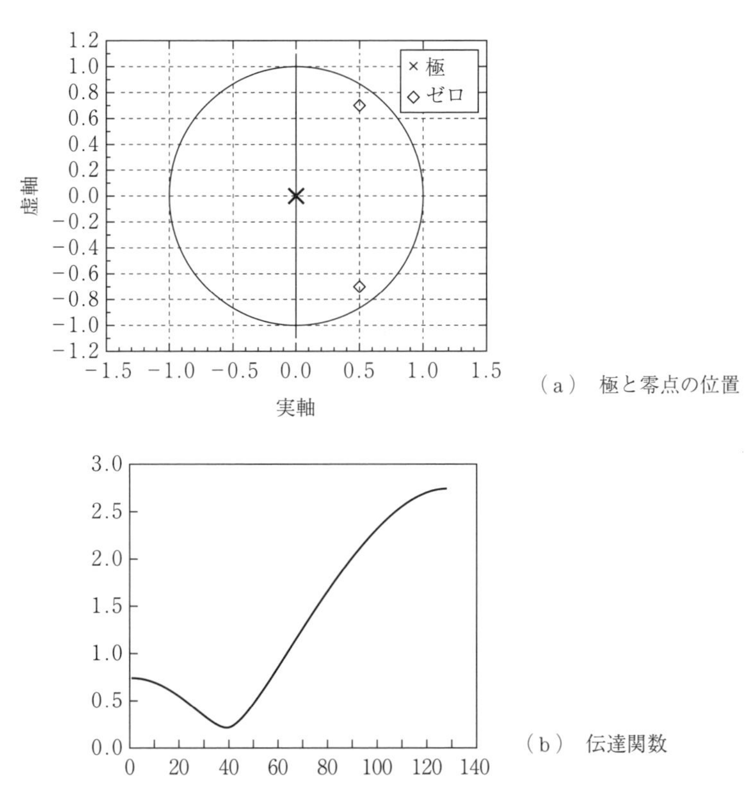

（a）　極と零点の位置

（b）　伝達関数

図 3.17　単位円内マウスクリックにより，そこを零点とする伝達関数表示

〈**プログラム 3.22 (S)**〉

```
p = 0.5 ; q = 0.7 ;
zz = exp( %i * ( 0 : %pi/128 : %pi ) ) ;
u = exp( %i * ( 0 : %pi/50 : 2*%pi ) ) ;
while p^2 + q^2 < 1 ;
   z = poly( 0 , 'z' ) ;
   n = 1 - p * 2 * z.^(-1) + ( p^2 + q^2 ) * z.^(-2) ;
   m = 1 - p * 2 * zz.^(-1) + ( p^2 + q^2 ) * zz.^(-2) ;
   d = 1; h = syslin( 'c' , n./d ) ;
   scf(1) ; clf ; plot( abs(m) ) ;
   scf(2) ; clf ; plzr(h); plot( real( u ) , imag( u ) ) ;
   x = locate(1) ;
   p = x(1) ; q = x(2) ;
end ;
```

このプログラムにより，以下のことがわかるので調べてみてほしい。

① 零点が実数軸の1に近いと低周波に伝達関数の谷が現われる。また，実数軸の−1に近いと高周波に谷が現われる。

② 零点が単位円に近いと谷が深くなる。

3.2.7 IIR ディジタルフィルタ

出力の入力側へのフィードバックがある IIR フィルタの周波数特性を分析する。まず，つぎのような一つ前の出力を入力にフィードバックする IIR フィルタの極と零点を調べてみよう。

$$y(n) = x(n) + a \times y(n-1) \tag{3.38}$$

入力 $x(n)$ と一つ前の出力 $y(n-1)$ に**帰還**（フィードバック）係数 a を乗算したものの和が，つぎの出力となる（**図 3.18**）。係数 a が正の場合（$a>0$）を**正帰還**（positive feedback）と呼び，係数 a が負の場合（$a<0$）を**負帰還**（negative feedback）と呼ぶ。

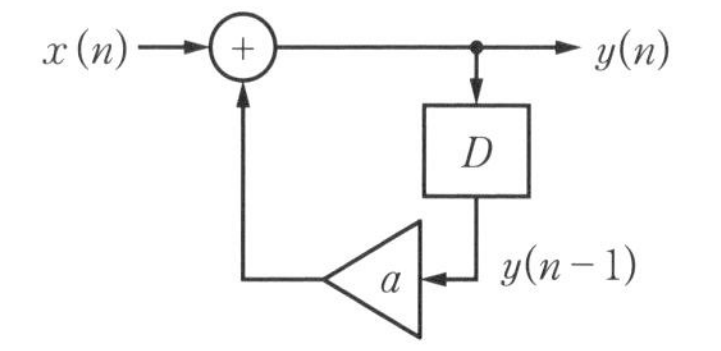

図 3.18 一つ前の出力を入力に戻す IIR フィルタ

入力を右辺に，出力を左辺に移動して全体の z 変換をとると

$$\left.\begin{aligned} y(n)-a\times y(n-1)=x(n) \\ \left(1-az^{-1}\right)Y(z)=X(z) \end{aligned}\right\} \tag{3.39}$$

となるから，伝達関数は以下の式となる。

$$H(z)=\frac{1}{1-az^{-1}} \tag{3.40}$$

3.2.8 収束する場合

つぎに，遅延が二つあるIIRフィルタを考えてみよう。一つ前の出力に -1.8 を乗じ，二つ前の出力に -0.81 を乗じて入力 $x(n)$ と加算したものが，つぎの出力 $y(n)$ になるというフィルタである（**図 3.19**）。

$$y(n)=x(n)-1.8\,y(n-1)-0.81\,y(n-2) \tag{3.41}$$

左辺を出力，右辺を入力として整理すると

$$y(n)+1.8\,y(n-1)+0.81\,y(n-2)=x(n) \tag{3.42}$$

となる。この両辺を z 変換すると

$$Y(z)+1.8\,z^{-1}Y(z)+0.81\,z^{-2}Y(z)=X(z) \tag{3.43}$$

となるので，伝達関数は

$$\left.\begin{aligned} H(z)&=\frac{1}{1+1.8\,z^{-1}+0.81\,z^{-2}} \\ &=\frac{z^2}{z^2+1.8\,z^1+0.81\,z} \end{aligned}\right\} \tag{3.44}$$

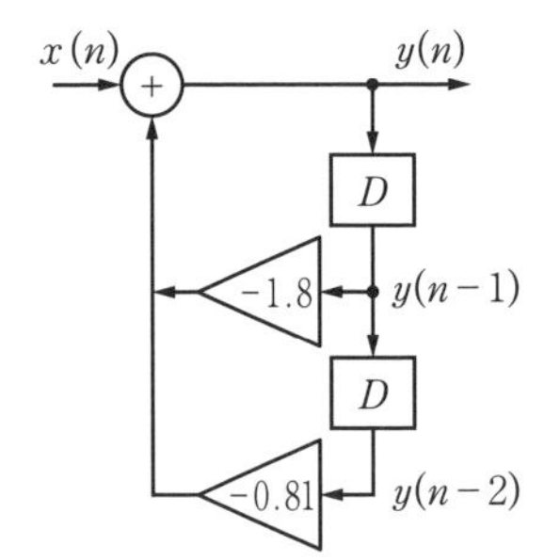

図 3.19　2時点前の出力もフィードバックするIIRフィルタ

となることがわかる。FIR と異なり，零点が $z_z=0$ であり，極は原点以外となることがわかる。

このIIR フィルタのインパルス応答を，MATLAB または Scilab を用いて描画してみよう。このフィルタは時間が $n=0$ 以前に入力 $x(n)$ として 0 が継続的に入力されていたとすると，$n=0$ 以前の出力 $y(n)$ も 0 である。$x(n)$ に一旦 1 が入力され，その後は 0 が継続的に入力される場合の出力を求める。すなわち，インパルス応答を求めることに相当する。

$n=1$ で 1 が入力された時点では $x(0)=0$，$x(1)=1$ である。それまでの入力，出力ともに 0 なので，$y(0)=0$ となる。時点 $n=1$ では，入力 $x(1)=1$ が出力されるから，$y(1)=1$ となる。その後の y の変化を調べてみよう。MATLAB でも Scilab では配列のインデックス番号は 1 からなので，時点 0 を $i=1$ として記述する。

〈**プログラム 3.23（M, S）**〉

```
y = [ 0 1 ] ;
for i = 3 : 50 ;
y(i) = -1.8 * y(i-1) -0.81 * y(i-2) ;
end ;
plot(y) ;
```

これを実行すると，つぎの**図 3.20** のような出力系列が得られる。インパルス応答は無限に続くことが容易に想像できる。

図 3.20 では，振動の振幅が徐々に減少することがわかる。このような徐々に減衰する特性を「**収束する**」と呼ぶ。

図 3.20 の振動波形を見ると，IIR フィルタを用いて音を発生できるのではないかと考えられる。振動の減衰が緩やかになるように値を設定できれば実現できそうである。そこで，**図 3.21** のように二つのフィードバックの係数を $-a_1$，$-a_2$ としてみる。極の座標を $(p,\ q)$ とすると，フィードバック係数はつぎのプログラムのように与えられる。

以下のプログラムは MATLAB，Scilab 共通である。

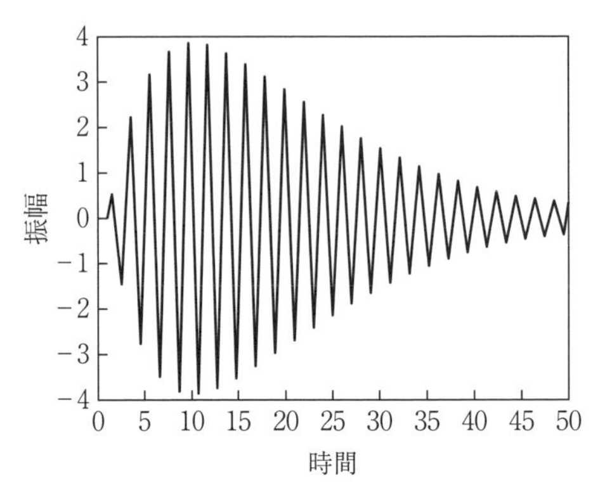

図 3.20　無限に続くインパルス応答

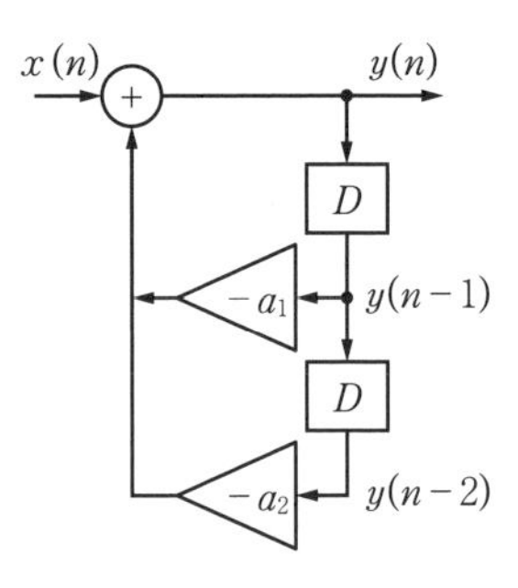

図 3.21　フィードバックが二つある IIR フィルタの一般化

〈**プログラム 3.24（M, S）**〉

```
p = 0.95 ;      q = 0.311  ;   fs = 22050;
a1 = - p * 2 ;
a2 = ( p * p + q * q ) ;
y = [ 0 1 ] ;
for i = 3 : 22050  ;
   y(i) = - a1 * y(i-1) - a2 * y(i-2) ;
end ;
plot(y) ;
sound( y / max( abs( y ) ) , fs ) ;
```

図 3.21 の IIR フィルタの伝達関数は，以下のようになる。

$$
\left.
\begin{aligned}
Y(z) &= \frac{1}{1+a_1 z^{-1}+a_2 z^{-2}} X(z) \\
H(z) &= \frac{1}{1+a_1 z^{-1}+a_2 z^{-2}} \\
&= \frac{z^2}{z^2-2pz^1+\left(p^2+q^2\right)} \\
&= \frac{z^2}{(z-p)^2+q^2} \\
&= \frac{z^2}{(z-p+qi)(z-p-qi)}
\end{aligned}
\right\} \qquad (3.45)
$$

したがって，極 z_p は $p \pm qi$ である。a_2 の値 $|z_p|^2 = p^2 + q^2$ は極と原点の距離

に当たることがわかるが，この値は

$$a_2 = 0.999\,221$$

というきわめて1に近い値になっていることがわかる。すなわち，極は単位円に非常に近い位置にある。このインパルス応答を描画してみると，非常に長い時間をかけて振動が減衰していくことがわかる（**図 3.22**）。プログラムでは sound 関数で音を聞くことができる。

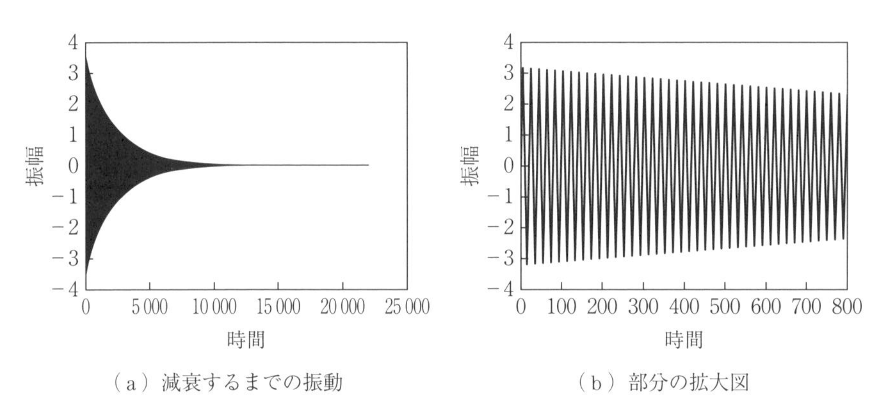

（a）減衰するまでの振動　（b）部分の拡大図

図 3.22　音を発生させるフィルタのインパルス応答が減衰していく様子

つぎに，図3.19のIIRフィルタの上段のフィードバック係数を，マイナスからプラスに替えて特性を調べてみよう（**図 3.23**）。

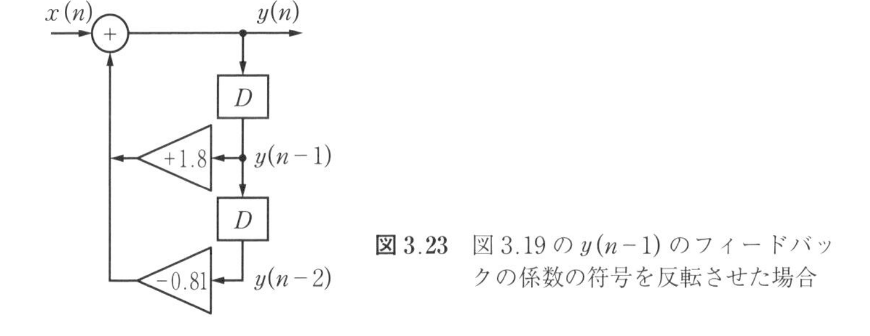

図 3.23　図3.19の $y(n-1)$ のフィードバックの係数の符号を反転させた場合

以下は50サンプルまでのインパルス応答を求めるプログラムで，MATLAB，Scilab 共通である。

〈**プログラム 3.25 (M, S)**〉

```
y = [ 0 1 ] ;
for i = 3 : 50 ;
  y(i) = +1.8 * y(i-1) -0.81 * y(i-2) ;
end  ;
plot(y)   ;
```

図 3.24 のように緩やかな変化となり，符号が違うだけでインパルス応答が大きく異なることがわかる。

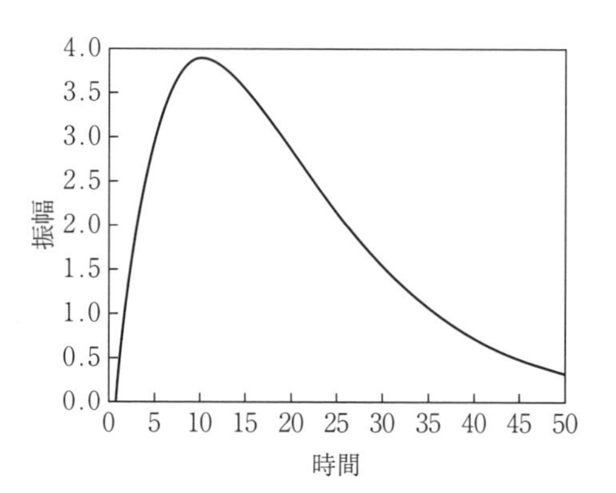

図 3.24　緩やかに変化するインパルス応答

3.2.9　IIR フィルタ出力が発散する場合

図 3.25 のような IIR フィルタの出力を調べてみよう。ここではフィードバック係数の絶対値が図 3.23 より大きくなっている。

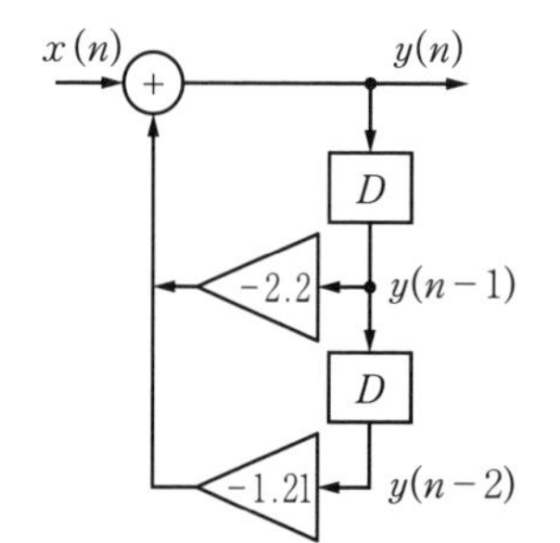

図 3.25　フィードバック係数の絶対値を大きい値にした場合

このフィルタのインパルス応答を求めるプログラムは，以下のようになる。このプログラムは MATLAB，Scilab 共通である。

〈**プログラム** 3.26 (**M, S**)〉

```
y = [ 0 1 ] ;
for i = 3 : 50 ;
   y(i) = -2.2 * y( i - 1 ) -1.21 * y( i - 2 ) ;
end ;
plot(y) ;
```

このインパルス応答を**図 3.26** に示す。この図から，インパルス応答はだんだん振動が大きくなることがわかる。

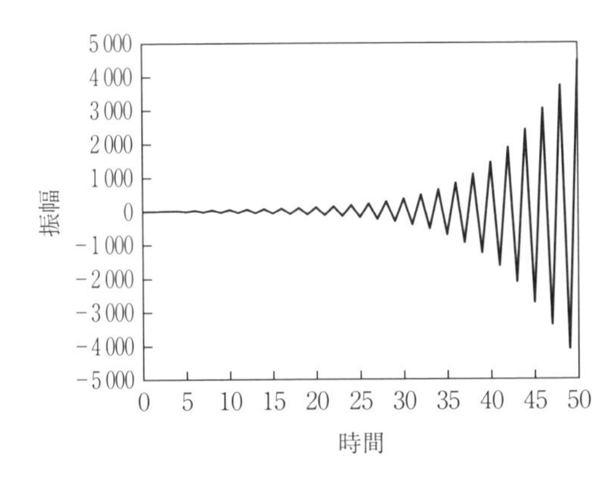

図 3.26 発散するインパルス応答

このように，インパルス応答の振幅が徐々に拡大することを「**発散する**」と呼ぶ。

3.2.10 安　定　性

インパルス応答 h が収束するか発散するかを，フィルタの**安定性**と呼ぶ。この安定性の要因を調べてみよう。その前に，一般的なフィルタの記述を行っておきたい。フィルタの一般式は，FIR フィルタと IIR フィルタを併せた形をとり，**ARMA フィルタ**（auto-regressive moving average filter）と呼ばれる（**図 3.27**）。

時間領域の式は以下のようになる。

$$y(n) = \sum_{k=0}^{K} b_k x(n-k) - \sum_{m=1}^{M} a_m y(n-m) \tag{3.46}$$

この z 変換をとり，左辺に出力を右辺に入力をまとめ，$y(n)$ の係数を a_0 と

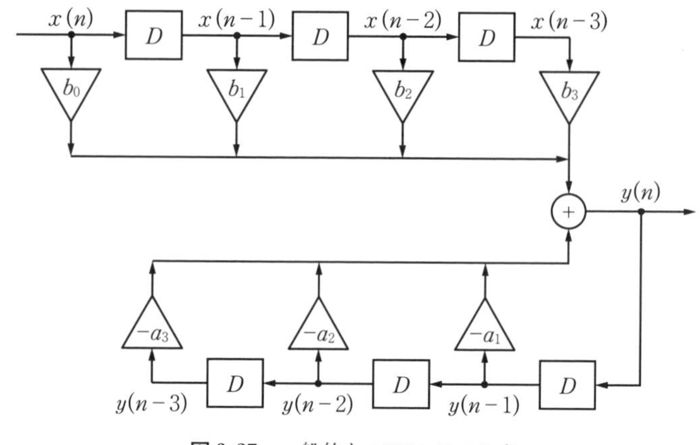

図 3.27　一般的な ARMA フィルタ

すると，伝達関数 $H(z)$ は以下のようになる。なお，$a_0=1$ である。

$$\left.\begin{aligned}
&\sum_{m=0}^{M} a_m y(n-m)=\sum_{k=0}^{K} b_k x(n-k)\\
&Y(z)\sum_{m=0}^{M} a_m z^{-m}=X(z)\sum_{k=0}^{K} b_k z^{-k}\\
&H(z)=\frac{Y(z)}{X(z)}=\frac{\sum_{k=0}^{K} b_k z^{-k}}{\sum_{m=0}^{M} a_m z^{-m}}
\end{aligned}\right\}\tag{3.47}$$

MATLAB，Scilab の `filter` という関数はこの ARMA フィルタに当たり，用いられる変数 `a`，`b` は上記式の係数を表す。MATLAB，Scilab では，`a` は伝達関数の分母に現われるため分母係数，`b` は伝達関数の分子に現われるため分子係数と呼ばれている。

また，3.2.6 項の極と零点において使用した `a`，`b` は，この係数を指す。`b` は FIR フィルタにおけるインパルス応答の h に対応する。

MATLAB の `filter` という関数を使用するには Signal Processing Toolbox の導入が必要であるが，これと同じ機能をもつ関数 arma.m を自作できる。同じ機能を Scilab で実現するための arma.sci も示しておく。

MATLAB 用の arma.m 関数のプログラムは以下のとおりである。

〈**プログラム 3.27 (M)**〉

```
function y = arma( ma , ar , x )

% matlabの関数 filter( b , a , x )と同じ機能
% y(n) = ma(1)*x(n) + ma(2)*x(n-1) ...
%        - ( ar(2)*y(n-1) + ar(3)*y(n-2) ... )

nn = length( ma );
nd = length( ar );
len = length( x );
nbuf = max( [nn nd] );
buf = zeros( 1, nbuf );
in = [ buf x ];
out = zeros( 1, length(in) );
for i = 1 : len;
   sx = sum( ma .* in(nbuf+i:-1:nbuf+i-nn+1) );
   sy = sum( ar(2:nd) .* out(nbuf+i-1:-1:nbuf+i-nd+1) );
   out(nbuf+i) = sx - sy;
end;
y(1:len) = out(nbuf+1:nbuf+len);
end
```

Scilab の arma.sci 関数のプログラムは以下の通りである。

〈**プログラム 3.28 (S)**〉

```
function y = arma( ma, ar, x )

// Scilabの関数 filter( b , a , x )と同じ機能
// y(n) = ma(1)*x(n) + ma(2)*x(n-1) ...
//        - ( ar(2)*y(n-1) + ar(3)*y(n-2) ... )

nn = length( ma ) ;
nd = length( ar ) ;
len = length( x ) ;
nbuf = max( [ nn nd ] ) ;
buf = zeros( 1, nbuf ) ;
in = [ buf  x ] ;
out = zeros( 1 , length( in ) ) ;
for i = 1 : len ;
   sx=sum(ma .* in(nbuf+i:-1:nbuf+i-nn+1));
   sy=sum(ar(2:nd) .* out(nbuf+i-1:-1:nbuf+i-nd+1));
   out( nbuf + i ) = sx - sy ;
end ;
y( 1 : len ) = out( nbuf + 1 : nbuf + len ) ;
```

前述の安定な IIR フィルタの極の位置を描画してみよう。伝達関数は以下の通りである。分母を因数分解してみれば，$z=-0.9$ が極であることが数式の上からわかる。

$$\left.\begin{aligned} H(z) &= \frac{z^2}{z^2+1.8z+0.81} \\ &= \frac{z^2}{(z+0.9)^2} \end{aligned}\right\} \tag{3.48}$$

MATLAB の場合，分子の多項式の係数は（1, 0, 0），分母の多項式の係数は（1, 1.8, 0.81）なので，以下のプログラムにより極と零点を描画できる。

〈プログラム 3.29（M）〉

```
b = [ 1 , 0 , 0 ] ;
a = [ 1 , 1.8 , 0.81 ] ;
zplane( b , a ) ;
```

Scilab の場合

〈プログラム 3.30（S）〉

```
z = poly( 0 , 'z' ) ;
d = 1 + 1.8* z.^(-1) + 0.81* z.^(-2) ;
n = 1 ;
h = syslin( 'c' , n./d ) ;
plzr(h) ;
c = exp(  %i * ( 0 : %pi/128 : 2 * %pi ) ) ;   // 単位円を描画
plot( real(c)  , imag(c)  ) ;  // 単位円を描画
```

なお，以下のプログラムによっても同様のことができる。

〈プログラム 3.31（S）〉

```
n = poly( [ 0 , 0 ] , 'z' ) ;
d = poly( [ -0.9 , -0.9 ] , 'z' ) ;
plzr( n ./ d ) ;
c = exp(  %i * ( 0 : %pi/128 : 2 * %pi ) ) ;   // 単位円を描画
plot( real(c)  , imag(c)  ) ;  // 単位円を描画
```

図 3.28 から，極が単位円の内側にあることがわかる。

それでは，発散するフィルタの極の位置を調べてみよう。

MATLAB のプログラムを以下に示す。

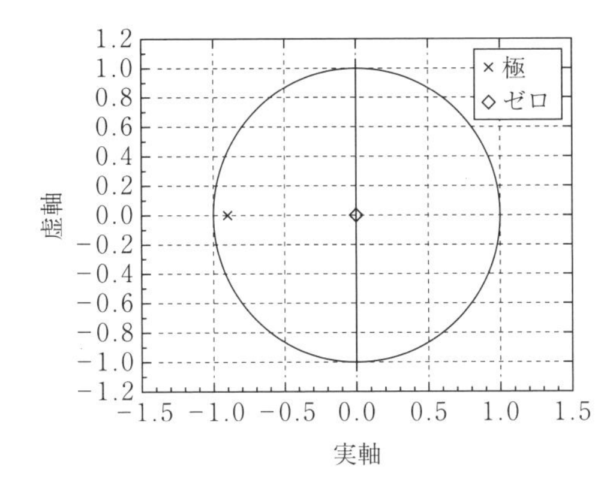

図 3.28 Scilab による安定なフィルタの極と零点の位置

〈**プログラム 3.32**（**M**）〉

```
b = [ 1 , 0 , 0 ] ;
a = [ 1 , 2.2 , 1.21 ] ;
zplane( b , a ) ;
```

Scilab の場合は以下のようになる。

〈**プログラム 3.33**（**S**）〉

```
z = poly( 0 , 'z' );
d = 1+2.2*z.^(-1)+1.21*z.^(-2) ;
n = 1 ;
h = syslin( 'c' , n./d) ;
plzr(h) ;
c = exp(  %i * ( 0 : %pi/128 : 2 * %pi ) ) ;    // 単位円を描画
plot( real(c)  , imag(c)  ) ;  // 単位円を描画
```

図 3.29 より，発散する IIR フィルタにおいては，z 平面において極が単位円

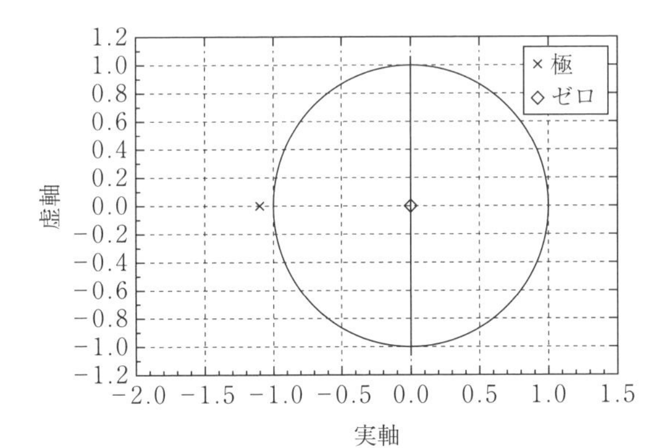

図 3.29 発散する IIR フィルタの極の位置

の外側にあることがわかる。解析的に極を求めてみよう。この発散するIIRフィルタはz変換すると

$$\left.\begin{aligned} &y(n)=x(n)-2.2\,y(n-1)-1.21\,y(n-2) \\ &Y(z)+2.2\,z^{-1}Y(z)+1.21\,z^{-2}Y(z)=X(z) \\ &Y(z)=\frac{1}{(1+1.1\,z^{-1})^2}X(z) \end{aligned}\right\} \tag{3.49}$$

となるから，伝達関数はつぎの式となる。

$$H(z)=\frac{z^2}{(z+1.1)^2} \tag{3.50}$$

この式から，極は$z=-1.1$で，単位円の外側にあることがわかる。

3.2.11　極が負の実数で重根の場合の伝達関数

式(3.48)に示した極が，$z=-0.9$の位置にあるフィルタの伝達関数を描画してみよう。

$$H(z)=\frac{z^2}{(z+0.9)^2} \tag{3.51}$$

Scilabのプログラムを以下に示す。

〈プログラム3.34 (S)〉

```
lambda = 0 : %pi/100 : %pi ;
z = exp(  %i * lambda ) ;
d = 1 + 1.8*z.^(-1) + 0.81*z.^(-2) ;
n = 1 ;
plot( lambda  , abs(n./d) ) ;
```

図3.30を見ると，このフィルタは高域通過フィルタとなっていることがわかる。MATLABでは，極零の値からARMAフィルタの係数を求める関数`zp2tf`が用意されている。例えば，以下では零点が0，極が-0.9であるので，以下のプログラムによりfilter関数用の分子係数と分母係数を算出される。

〈プログラム3.35 (M)〉

```
[ b , a ] = zp2tf( [ 0 , 0 ]' , [ -0.9 , -0.9 ] , 1 )
```

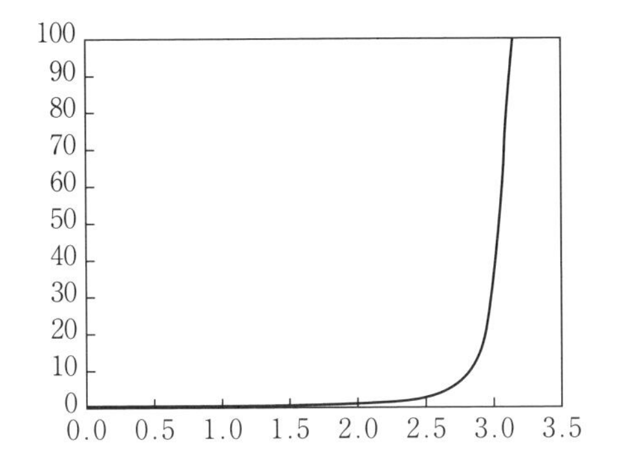

図 3.30 極が負の重根の場合の伝達関数

なお，Scilab では以下のプログラムにより，分子と分母の多項式の係数を求めることができる。

〈**プログラム 3.36 (S)**〉

```
b = poly( [ 0 , 0 ] , "z" ) ;
a = poly( [ -0.9 , -0.9 ] , "z" ) ;
coeff( b )
coeff( a )
```

つぎに，極が正の重根の場合の伝達関数を求めてみる。

$$\left.\begin{aligned} H(z) &= \frac{1}{1-1.8z^{-1}+0.81z^{-2}} \\ &= \frac{z^2}{(z-0.9)^2} \end{aligned}\right\} \tag{3.52}$$

の伝達関数は Scilab により以下のようにして描画できる。

〈**プログラム 3.37 (S)**〉

```
lambda = 0 : %pi/100 : %pi ;
z = exp(  %i * lambda ) ;
d = 1 - 1.8*z.^(-1) + 0.81*z.^(-2) ;
n = 1 ;
plot( lambda  , abs(n./d) ) ;
```

MATLAB では `%pi` を `pi` に，`%i` を `i` に変更すればよい。

図 3.31 から，極が正の実数（0.9, 0）の重根である場合には，低域通過フィルタとなっていることがわかる。

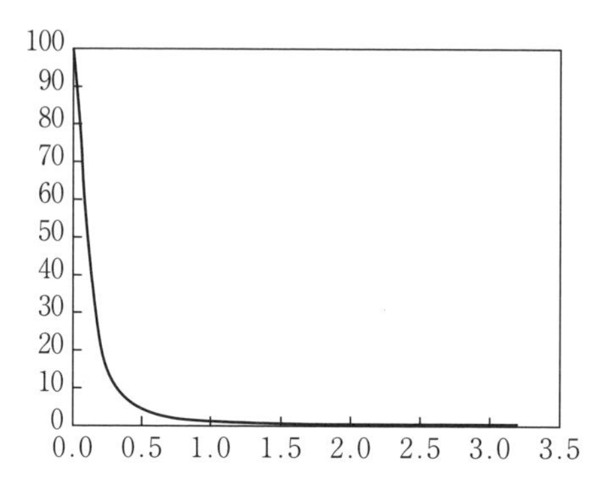

図 3.31　極が正の重根の場合の伝達関数

3.2.12　極が複素数の場合

以下の伝達関数を考えてみよう。分母は z が実数の場合は 0 にならないので，分母の根は複素数になる。

$$\left.\begin{aligned} H(z) &= \frac{1}{1+0.2z^{-1}+0.5z^{-2}} \\ &= \frac{z^2}{(z+0.1)^2+0.49} \end{aligned}\right\} \tag{3.53}$$

極の位置は $z=-0.1\pm0.7i$ である。

Scilab では以下により極の位置を描画することができる（**図 3.32**）。

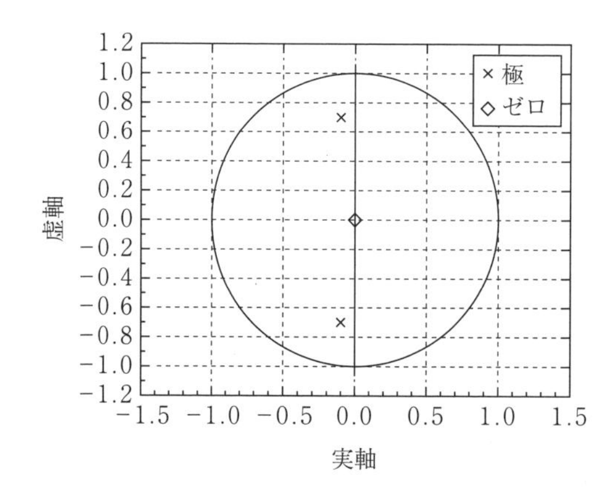

図 3.32　極が共役な複素数対の場合の極の位置

〈プログラム 3.38 (S)〉

```
z = poly( 0 , 'z' ) ;
```

```
d = 1 + 0.2*z.^(-1) + 0.5*z.^(-2) ;
n = 1 ;
h = syslin( 'c' , n./d ) ;
plzr(h)  ;
c = exp(  %i * ( 0 : %pi/128 : 2 * %pi ) ) ;
plot( real(c)  , imag(c)  ) ;
```

MATLAB では，以下のプログラムとなる。

〈**プログラム 3.39 (M)**〉

```
b = [ 1 , 0 , 0 ] ;
a = [ 1 , 0.2 , 0.5 ] ;1 + 0.2*z.^(-1) + 0.5*z.^(-2) ;
zplane( b , a ) ;
```

この伝達関数は Scilab では以下により描画できる。

〈**プログラム 3.40 (S)**〉

```
lambda = 0 : %pi/100 : %pi ;
z=exp( %i * lambda );
d=1+0.2*z.^(-1)+0.5*z.^(-2) ;
n=1;
plot( lambda  , abs(n./d) );
```

MATLAB では %pi を pi に，%i を i に変更すればよい。

図 3.33 により，複素共役の極を持つフィルタの周波数特性は，帯域通過フィルタの形状であることがわかる。

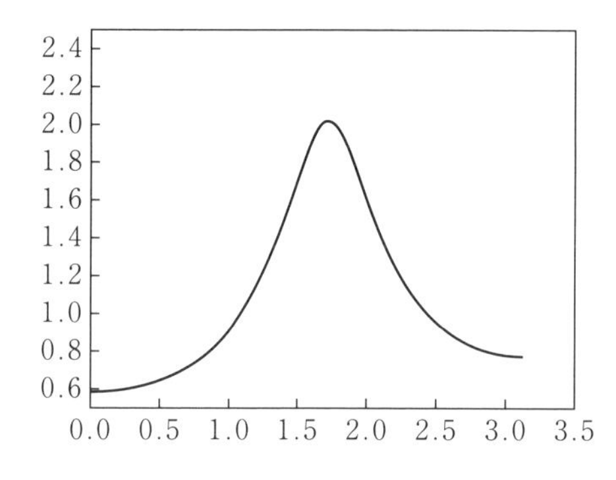

図 3.33 極が複素数の場合の伝達関数

3.2.13 Q 値が高いフィルタ

〈プログラム 3.21 (M)〉に示した，音の発振器となるフィルタの伝達関数を求めてみよう。極は (0.95, 0.311) にあり，伝達関数は以下のようになる。

$$H(z)=\frac{1}{(1-0.95z^{-1})^2+0.311^2z^{-2}} \tag{3.54}$$

Scilab では，伝達関数は以下のように求められる。

〈**プログラム 3.41（S）**〉

```
p = 0.95 ; q = 0.311;
lambda = 0 : %pi/100 : %pi;
z = exp(  %i * lambda ) ;
d = 1 - (p*2)*z.^(-1) + (p*p+q*q)*z.^(-2) ;
n = 1;
plot( lambda  , abs(n./d) ) ;
```

MATLAB では %pi を pi に，%i を i に変更すればよい。

このフィルタの伝達関数を**図 3.34** に示す。非常に帯域が狭い，すなわち Q 値が高い帯域通過フィルタとなっていることがわかる。式 (3.45) で示した，この極の位置が単位円にきわめて近い位置にあることを確認してほしい。

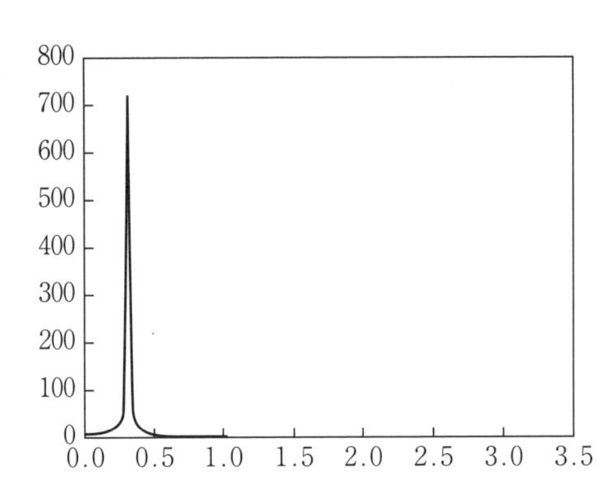

図 3.34　高い Q 値を持つ IIR フィルタの伝達関数

前出のように，二つのフィードバック経路を持つ IIR フィルタの極 z_p と z_z 零点の一般式は以下のようになる。

$$\left.\begin{aligned}H(z)&=\frac{1}{1-2pz^{-1}+(p^2+q^2)z^{-2}}\\&=\frac{z^2}{(z-p)^2+q^2}\\z_p&=p\pm jq\\z_z&=0\end{aligned}\right\} \tag{3.55}$$

零点は座標の原点の位置にある。極の位置をマウスで指定して，その伝達関数がどのような周波数特性を持つか分析するプログラムを以下に示す。MATLABでは，零点と極を表示する関数として zplane が用意されている。

MATLABの場合

〈**プログラム 3.42（M）**〉

```
p = 0.5 ; q = 0.7 ;
z = exp(  i * ( 0 : pi/128 : pi ) ) ;
while p ^ 2 + q ^ 2 < 1 ;
   a = [ 1 , - p*2 , (p ^ 2+q ^ 2)  ] ;
   b = [ 1 , 0 , 0 ] ;
   m = ( 1 - p*2*z.^(-1) + (p ^ 2+q ^ 2)*z.^(-2) ).^(-1) ;
   figure(1)  ; clf ; plot( abs(m) ) ;
   figure(2)  ; clf ; zplane( b , a ) ;
   drawnow ;
   [ p , q ] = ginput(1) ;
end ;
```

while の行は，(p, q) で与えられる極の位置が単位円の内部にある場合に限り end までの間を繰り返すことを表している。ginput によりカーソルが縦横の細線に変わり，マウスクリックにより座標を読み込む。MATLABにおいては，drawnow を入れておかないと毎回の処理結果が表示されないことがある。

Scilabの場合は使用する関数が多少異なるので，以下のプログラムとなる。

Scilabでは零点と極を表示する関数として plzr が用意されている。座標の読み込みには locate を用いる。Scilabでは単位円は別途描画する必要がある。

〈**プログラム 3.43（S）**〉

```
p = 0.5 ; q = 0.7 ;
zz = exp(  %i * ( 0 : %pi/128 : %pi ) ) ;
c = exp(  %i * ( 0 : %pi/128 : 2 * %pi ) ) ;    //単位円描画
while p ^ 2 + q ^ 2 < 1 ;
   z = poly( 0 , 'z' ) ;
   d = 1 - p*2*z.^(-1) + (p ^ 2+q ^ 2)*z.^(-2) ;
   m = ( 1 - p*2*zz.^(-1) + (p ^ 2+q ^ 2)*zz.^(-2) ).^(-1) ;
   n = 1 ; h = syslin( 'c' , n./d ) ;
   scf(1)  ; clf ; plot( abs(m) ) ;
   scf(2)  ; clf ; plzr(h)  ;
```

```
   plot( real(c)   , imag(c)   ) ;    // 単位円描画
   x = locate(1)   ;     p = x(1) ; q = x(2)   ;
end  ;
```

図 3.35（a）の単位円内をマウスクリックすると，図（b）には，そこを極とするスペクトルが表示される。単位円外をマウスクリックすると停止する。

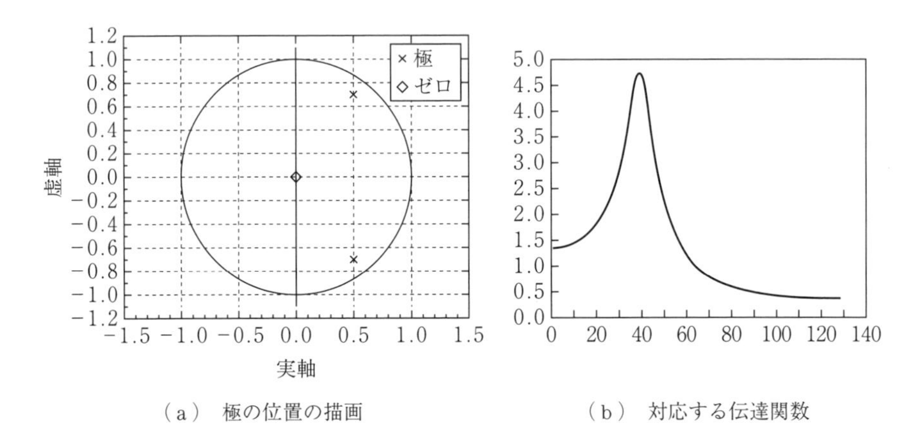

（a） 極の位置の描画　　　（b） 対応する伝達関数

図 3.35　極の位置による伝達関数の形状の変化

このプログラムにより，以下のことがわかるので調べてみてほしい。

① 極が実数軸の 1 に近いと低周波に伝達関数の通過帯域が現われる。また，実数軸の −1 に近いと高周波に通過帯域が現われる。

② 極が単位円に近いと Q が高くなる。

3.2.14 バターワースフィルタとチェビシェフフィルタ

信号処理には，優れた特性を持つ**バターワース**（Butterworth）フィルタ，**チェビシェフ**（Chebyshev）フィルタがよく用いられるので，これらのフィルタの使い方を紹介しておこう。

バターワースフィルタの伝達関数は以下の式で与えられる。伝達関数の形状には起伏がなく，遮断周波数 ω_c を境に単調に減衰する（**図 3.36**）。

$$\left|H(\omega)\right| = \frac{1}{\sqrt{1+\left(\omega/\omega_c\right)^{2N}}} \tag{3.56}$$

ここで**白色雑音**を発生させ，元の信号のスペクトルとフィルタを通した後のスペクトルを比較する。MATLABでは，平均0分散1の正規乱数を`randn`により発生できる。6次の遮断周波数が最高周波数の1/2の位置にあるバターワースフィルタで，`filter`関数用の分子係数`b`と分母係数`a`を求めてフィルタリングを行うプログラムを以下に示す。また，その結果を**図3.37**に示す。

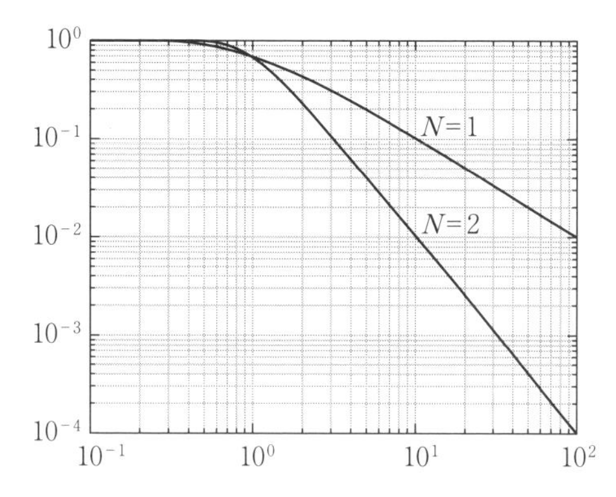

図3.36 バターワースフィルタの伝達関数（N=1，N=2の場合の比較）

〈**プログラム3.44（M）**〉

```
[ b , a ] = butter( 6 , 0.5 ) ;
x = randn( 1 , 4096 ) ;
X = abs( fft( x ) ) ;
y = filter( b , a , x ) ;
Y = abs( fft( y ) ) ;
plot( X(1:2048) ) ;
figure ;
plot( Y( 1 : 2048 ) ) ;
```

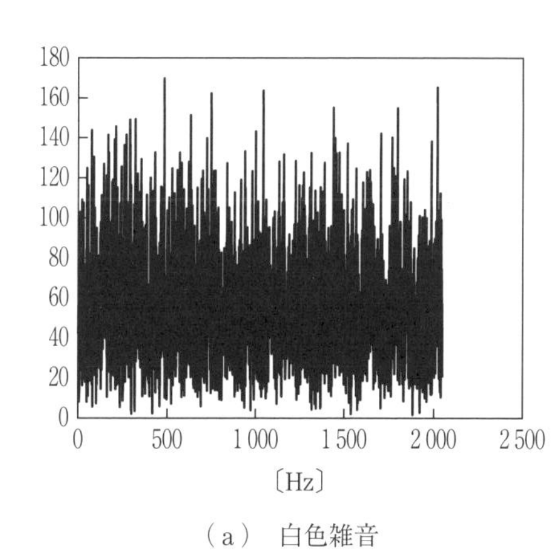

（a） 白色雑音

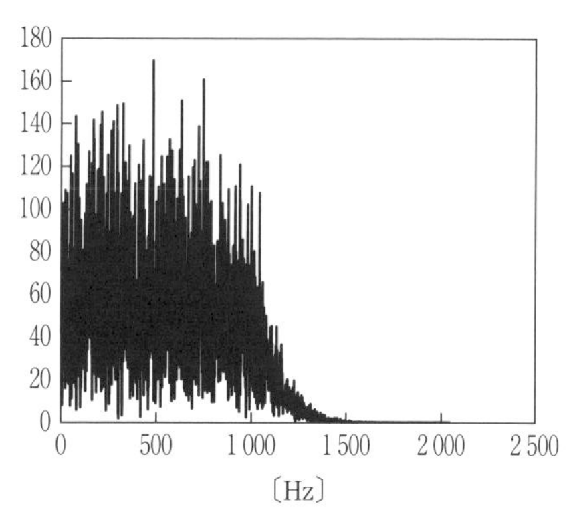

（b） バターワースフィルタ通過後

図3.37 白色雑音をバターワースフィルタ通過後のスペクトル

なお，図3.8のバンドパスフィルタを通過させた音声は，以下のプログラムにより求めることができる。xは元の音声データである。通過帯域を3 kHzから4 kHzとする16次のバターワースフィルタである。

〈**プログラム 3.45 (M)**〉

```
[ b , a ] = butter( 16 , [ 3000 4000 ] / 6000 , 'bandpass' ) ;
y = filter( b , a , x ) ;
```

つぎに，チェビシェフフィルタの周波数特性を調べてみよう。チェビシェフ多項式を

$$\left.\begin{aligned} C_n(\omega) &= \cos\left(n\cos^{-1}\omega\right) \\ C_0(\omega) &= 1 \\ C_1(\omega) &= \omega \end{aligned}\right\} \tag{3.57}$$

とすると，第1種チェビシェフフィルタ伝達関数は以下により与えられる。

$$H_1(\omega) = \frac{1}{\sqrt{1+\varepsilon^2 C_n^{\,2}\left(\omega/\omega_c\right)}} \tag{3.58}$$

ここで

$$\varepsilon = \sqrt{\frac{1}{(1-\delta)^2} - 1} \tag{3.59}$$

δはリプル幅と呼ばれる定数で，通過帯域の伝達関数の値の変動許容範囲を指定する。

MATLAB，Scilabともに伝達関数は以下により表示できる。ここでは，リプル幅として`d = 0.05`を設定している。

〈**プログラム 3.46 (M, S)**〉

```
d = 0.05  ;
e = sqrt( ( 1 / ( 1 - d )^2 ) - 1 ) ;
a = 0 : 0.01  : 2 ;
h = sqrt( 1 + ( e*cos( 5*acos(a) ) ) .^2 ) .^(-1) ;
plot( a , h ) ;
grid ;
```

Scilabの場合には`grid`の代わりに`xgrid`を用いる。

図 3.38 のように，遮断周波数で急激に減衰していることがわかる。また，通過帯域で幅 0.05 の変動があることがわかる。通過帯域でわずかのリップルと呼ばれる変動を許すことにより優れた通過特性を得ていることが，チェビシェフフィルタの特徴である。

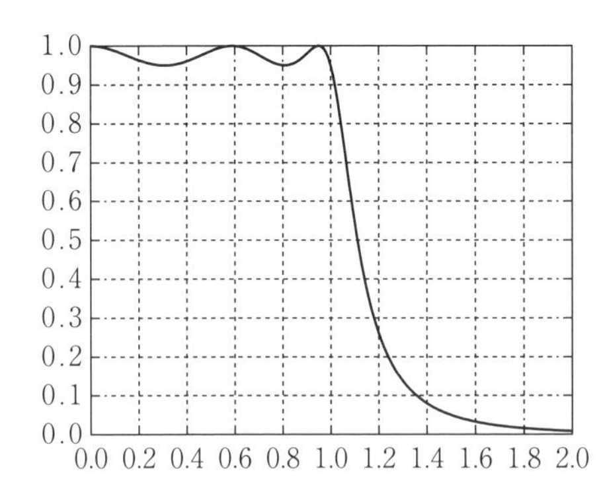

図 3.38 チェビシェフフィルタの伝達関数

白色雑音を発生させて，フィルタ通過後のスペクトルを求めてみよう。以下は MATLAB のプログラムである。

〈**プログラム 3.47 (M)**〉

```
[ b , a ] = cheby1( 6, 1 , 0.5 ) ;
x = randn( 1 , 4096 ) ;
X = abs( fft( x ) ) ;
y = filter( b , a , x ) ;
Y = abs( fft( y ) ) ;
plot( X(1:2048) ) ;
figure ;
plot( Y( 1 : 2048 ) ) ;
```

チェビシェフフィルタで 3 000 ～ 4 000 Hz のバンドパスフィルタを構成し，音声信号 x を通過させるプログラムを以下に示す。次数は 16 次で，リップル幅が 3 dB である。

このフィルタリングにより得られた音声のスペクトログラムを**図 3.39** に示す。

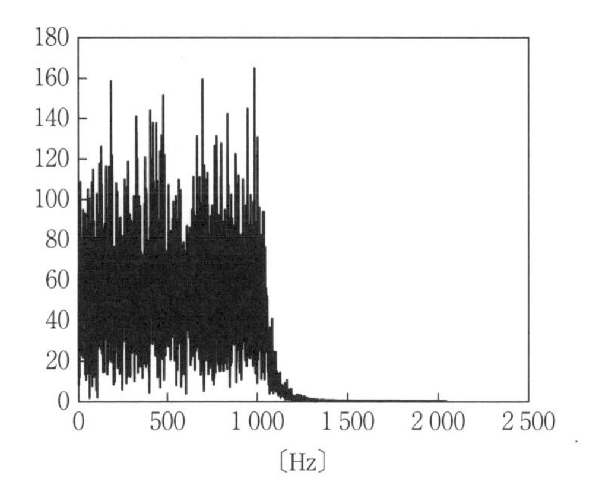

図 3.39　白色雑音をチェビシェフフィルタを通過させた後のスペクトル

〈**プログラム 3.48（M）**〉

```
[b,a]=cheby1(16,3,[3000 4000]/6000,'bandpass');
y = filter( b , a , x ) ;
```

図 3.40 のように，チェビシェフフィルタは通過帯域外の遮断特性に優れることがわかる。

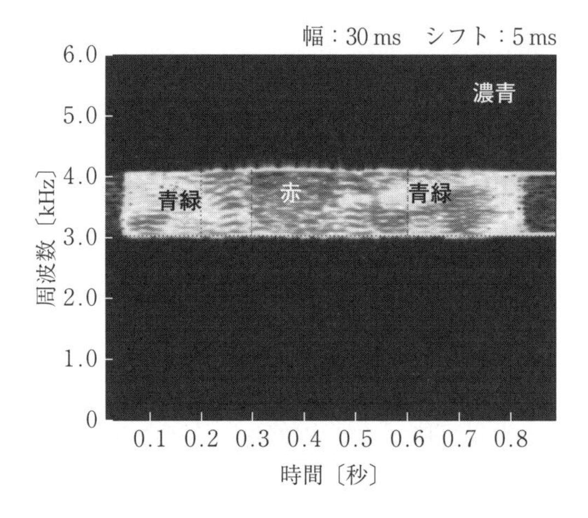

図 3.40　チェビシェフフィルタによるバンドパスフィルタの効果（実際の色は本書のホームページ参照）

Scilab によるチェビシェフフィルタは，以下のように近似的に求めることができる。以下の例は次数が 16 次で，通過帯域は最高周波数の 50％から 80％の場合である。通過帯域の変動を 10％としているので 0.9 という値が指定されている。

〈**プログラム 3.49 (S)**〉

```
wn = rand( 1 , 4096 , 'normal' );
h = iir( 16 , 'bp' , 'cheb1' ,[ 0.25 , 0.4 ],[ 0.9 , 0.2 ]);
s = tf2ss( h );
y = flts( wn , sc );
plot( abs( fft( yx )));
```

3.3 効果音の生成

3.3.1 音の加工

作成された音や収録された音に処理を施すと，特徴のある音を生成できることがある。処理のことをエフェクトと呼び，得られた音を**効果音**（sound effect）と呼ぶ。**表 3.3** に代表的なエフェクトを示す。このうち，**ビブラート**と**リバーブ**の生成法を示す。

表 3.3 各種のエフェクト

エフェクト	効　果	実現の方法
reverb	部屋の残響	波形をわずかずつ遅らせ多数加算
echo（delay）	遠方からの反射音	波形を大きく遅らせ少数加算
tremolo	音の断続	振幅変調
vibrato	高さの周期的変化	周波数変調
chorus	合唱の模擬	周波数をずらした音を加算
flanger	音質変化	時間をずらした音を加算
phaser	音質変化	位相をずらした音を加算
distortion	音色の加工	波形を歪ませる

3.3.2 ビブラート

一般的に，周波数が時間とともに変化する音が**周波数変化音**（FM 音：frequency modulated tone）である。ここでは，周期的に音が変化するビブラートの生成法を解説する。

時間とともに周波数が変化する場合には時々刻々の周波数が変化するので，それを**瞬時周波数**と呼ぶ。また，それに 2π を乗じた値を**瞬時角周波数**と呼ぶ。ディジタル信号においては，サンプリング間隔 $\varDelta$ の間に「瞬時角周波数 ×$\varDelta$」だけ角度が進むことになるので，その累積となる角度の進みを sin の中に入れれば，周波数変化音を表すことができる。

i 番目のサンプルにおける**瞬時周波数**を $f(i)$，**瞬時角周波数**を $\omega(i)$ と記述すると，各サンプリング間隔単位で時間が進むごとに角度が $\omega(i)\varDelta$ だけ進むので，時刻 n における信号値は

$$x(n)=\sin\left(\sum_{i=0}^{n}\omega(i)\varDelta\right) \tag{3.60}$$

となる。式 (3.60) では，時刻 0 以前の信号は 0 で，累積角度も 0 であるとする。この原理を表したのが**図 3.41** である。

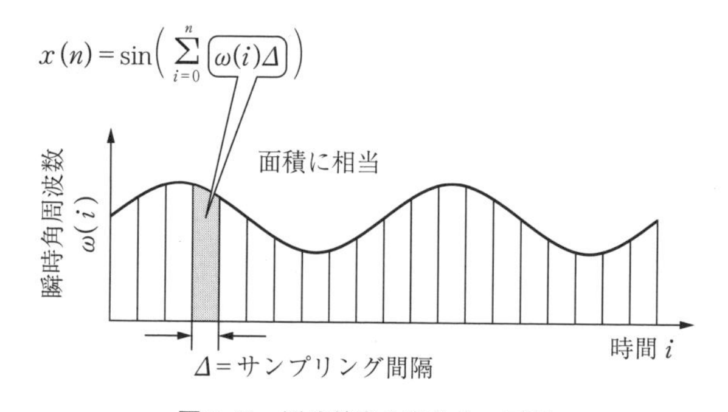

図 3.41　周波数変化音作成の原理

ビブラートは基本周波数が 1 秒間に 6 ～ 10 回程度周期的に変化する。基本周波数の変化周波数のことを**変調周波数**（modulation frequency）と呼ぶ。ビブラートにおける周波数変化幅は基本周波数の 3%程度である。例えば C4（ハ長調の「ド」で 262 Hz）に 6 Hz で周波数変化幅 3%のビブラート音は，以下のように発生できる。

$$x(n)=\begin{cases} 0 & (n=0) \\ \sin\left[\sum_{i=1}^{n} 2\pi\,262\left\{1+0.03\sin(2\pi\,6i\,\varDelta)\right\}\varDelta\right] & (n\geqq 1) \end{cases} \tag{3.61}$$

基本周波数が変動すれば，その周波数の整数倍となる高調波も時間的に変動する。ビブラートのように周波数を変化させることを**周波数変調**（FM, frequency modulation）と呼ぶ。

ビブラートを発生させるプログラム make_vibrato.m を以下に示す。instf が瞬時周波数時系列であり，これに 2π とサンプリング間隔 d を乗算したものが，各サンプル点で進む位相の時系列を表す。これを cumsum 関数により累積すると，位相の時間変化を求めることができる。この位相変化を sin に入れれば，周波数変化音を作成することができる。瞬時周波数時系列 instf は倍音を作るために必要なので，出力できるようにしてある。

このプログラムは，単一の周波数を中心に周期的に周波数を変化させる通常のビブラートを発生できる。そのほかに，いくつかの周波数をなめらかな曲線で結んだ周波数の軌跡にビブラートの周波数変化を与えることもできる。いくつかの点を結ぶなめらかな曲線は，**スプライン関数**で発生させることができる。

〈**プログラム 3.50（M）**〉

```
function[wave,instf]=make_vibrato(cf,vf,vr,dur,fs)
% ビブラート音作成
% wave 出力波形
% instf 瞬時周波数列（Hz）
% cf    中心周波数（Hz）（スカラーまたはベクトル）
%       ベクトルならスプライン関数で中心周波数列を補間
% vf    ビブラート周波数（Hz）例：5
% vr    周波数変調率  周波数触れ幅は cf * vr
% dur   時間長（sec）
% fs    サンプリング周波数（Hz）例：44100

d = 1 / fs ;
t = d : d : dur ;
nn = length( cf ) ; % 中心周波数の個数
rt = 0.05 ; % 立ち上がり，立ち下がり時間（秒）

if nn == 1 ;
      cfa = cf * ones( size( t ) ) ;
else
      t0 = ( 0 : ( nn - 1 ) ) / ( nn - 1 ) * dur ;
      cfa = spline( t0, cf, t ) ;
end ;

instf = cfa + vr * cfa .* sin( 2 * pi * vf * t ) ;
```

```
phase = cumsum( 2 * pi .* instf * d ) ;
wave = sin( [0 phase] ) ;

lrt = floor( rt * fs ) ;
gain = ( 0 : (lrt-1) ) / lrt ;
gain = [ gain ones( 1, (length(wave) - 2*lrt ) ) ] ;
gain = [ gain ( (lrt-1) : (-1) : 0 ) / lrt ] ;

wave = gain .* wave ;

end
```

Scilab においては，コメント行の % を // に変更するほか，以下の変更が必要である。

〈**プログラム 3.51（M）**〉

```
    cfa = spline( t0, cf, t ) ;
```

の部分を以下のようにし，pi を %pi，end を enffunction とする。

〈**プログラム 3.52（S）**〉

```
    delcf = splin( t0 , cf ) ;
    cfa = interp( t , t0, cf, delcf );
```

3.3.3　倍音成分を含むビブラート

倍音成分を含むビブラートの場合は，make_vibrato が出力した瞬時周波数時系列 instf を利用して倍音を作成する。倍音（高調波）は瞬時周波数の整数倍として求められる。各倍音の振幅を与えれば，instf の整数倍の周波数の倍音を含む周波数変化音を作成できる。

このプログラムを以下に示す。ベクトル harmo で倍音振幅の組を与える。その要素数に応じて，瞬時周波数の整数倍の瞬時周波数によって周波数変化音を生成して，それを加算する。最終行では，最大振幅が ±1 の範囲に収まるようにしている。以下のプログラムを harmo_fmtone.m という名称で保存しておく。

〈**プログラム 3.53（M）**〉

```
function wave = harmo_fmtone( harmo , instf, fs )
% 高調波を含む FM 音作成
```

```
% wave  出力波形
% harmo  高調波振幅列 方形波なら [ 1 0 0.33 0 0.25 0 ]
% instf  瞬時周波数時系列 (Hz)
% fs  サンプリング周波数 (Hz)

lt = length( instf ) ;
rt = 0.005 ;
lr = round( rt * fs ) ;
gain=[(0:(lr-1))/lrones(1,lt-2*lr),(lr-1):-1:0];

wave = zeros( 1 , lt ) ;
nh = length( harmo ) ;

for k = 1 : nh ;
      phase = cumsum( 2 * pi .* instf * k / fs );
      wave = wave + gain .* sin( [0 phase(1:length(phase)-1)] );
end;

wave = gain .* wave / max( abs( wave ) ) ;

end
```

Scilabでは，piを%pi，endをendfunction，コメント行を%から//に変更し，harmo_fmtone.sciという名称で保存する。

この関数を使って高調波を含む周波数変化音を作ってみよう。500 Hz，1 000 Hz，500 Hz，2 000 Hz，1 000 Hzを経由する滑らかな周波数変化音に，さらに変調率10%で5 Hzのビブラートをかける例を示す。さらに，第3倍音までを1，1/2，1/3の比率で発生させる。継続時間は1 sとし，サンプリング周波数を22 050 Hzとする。

〈**プログラム3.54 (M)**〉

```
cf = [ 500 1000 500 2000 1000 ] ;    % 中心周波数列
vf = 5.0 ;    % ビブラート周波数 (Hz)
vr = 0.1 ;    % 変調率
dur = 1.0 ;    % 継続時間 (sec)
fs = 22050 ;    % サンプリング周波数 (Hz)

[ wave , instf ] = make_vibrato( cf, vf, vr, dur, fs ) ;

harmo = [ 1.0 0.5 0.33 ] ; % 倍音強度列
wave = harmo_fmtone( harmo , instf, fs ) ;
```

```
ao = audioplayer( wave , fs ) ;
play( ao ) ;
```

Scilab では

〈**プログラム 3.55（M）**〉

```
ao = audioplayer( wave , fs ) ;
play( ao ) ;
```

の部分を以下のようにし，コメント行を % から // に変更する。

〈**プログラム 3.56（S）**〉

```
ao = sound( wave , fs ) ;
```

なお，Scilab で自作の関数を用いるときには exec 関数を用いて

〈**プログラム 3.57（S）**〉

```
exec( 'make_vibrato.sci' ) ;
exec( 'harmo_fmtone.sci' ) ;
```

のように使用する関数名を宣言しておく必要がある。なお，ここで作成した波形を 'vibrato_example.wav' のような名前で保存しておこう。

3.3.4　リバーブとエコー

リバーブ（**残響**）とエコーは，いずれも音源から直接耳に入る直接音のほかに，反射音を聞くことにより起こる。**図 3.42** のように室内で発音すると，壁面で反射した音波が耳に入る。

反射経路はさまざまであり，その数は無限と言ってよい。音速を 340 m/s，部屋の大きさを一辺 17 m とすると，部屋の中央で発声した声の壁面での反射

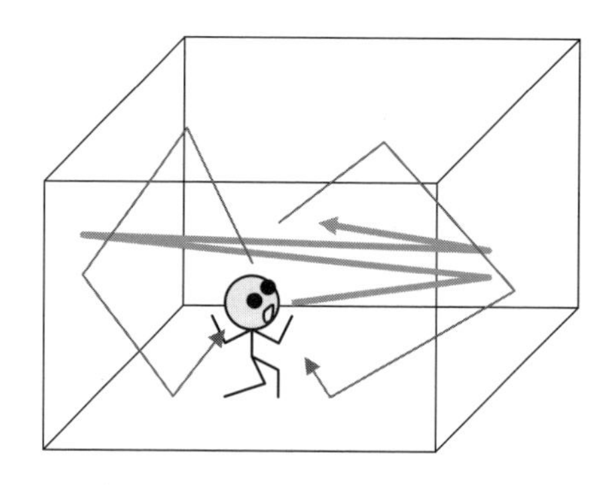

図 3.42　さまざまな音の反射経路

音は，17/340＝0.05 sec 後に発声者に戻ってくることになる。

図 3.43 は，壁の反射により生じる仮想音源の分布である。すなわち，この仮想音源から音が発生したと考えることができる。この仕組みは光の反射と同じである。部屋の形状が長方形であるとすると，実際の部屋の周囲に仮想的な部屋があり，そこに仮想的な音源があるとみなすことができる。

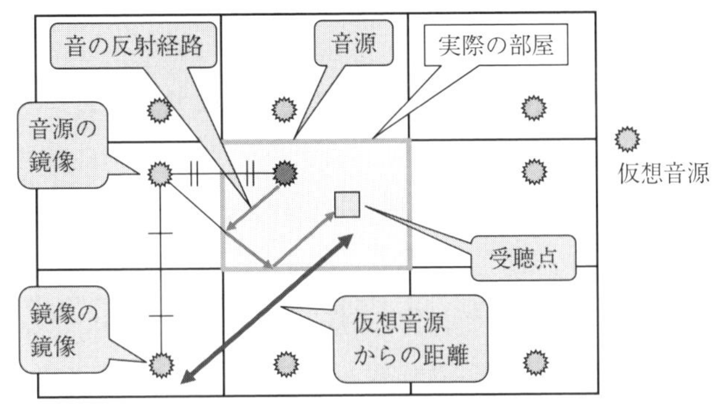

図 3.43　仮想音源の分布

この部屋の周りにさらに仮想的な部屋を考えることができるので，仮想音源は無限に考えることができる。仮想音源からの距離が，反射を繰り返した音波の伝搬距離に当たる。音波は距離の 2 乗に反比例してエネルギーが減衰するが，それ以外に壁面における吸収による減衰がある。壁，天井，床により音の反射率は異なる。反射経路に依存した総合的な音の減衰量は，反射ごとの一定の比率の減衰にランダムな減衰を乗算することにより模擬できる。

Scilab でリバーブ生成関数 reverb.sci を作成してみよう。

〈**プログラム 3.58（S）**〉

```
function s = reverb( x , fs, rt , ri , rd )
// x: input wave, rt: reverb time, ri: interval, rd: decay
nr = floor( rt / ri ) ; // 反射音の数
v0 = round( fs * ri ) ; // 反射音間隔（サンプル数）
lx = length( x ) ; // 入力波形の長さ
s = [ x zeros( 1, lx + v0 * nr ) ] ; // 音加算用
for i = 1 : nr ; // 反射音数繰り返し
   v = v0 * i ; //s への書き込み開始位置
   s( v+1 : v+lx ) = s( v+1 : v+lx ) + rand() * x * rd^i ;
```

```
end ;
s = s / max( abs( s ) ) ;
```

この関数で x は直接音に当たる音信号波形，fs はサンプリング周波数，rt は最長の残響時間，ri は反射音周期，rd は反射における音の減衰を表す。直接音と反射音を足し合わせるための空欄を用意しておき，始めに直接音 x を入れる。つぎに直接音の時間をずらし，振幅を減衰させて反射音を作成して加算する。

このプログラムでは反射時に乱数を発声させる関数 rand() を用いて，ランダムな減衰を与えている。なお，本プログラムでは，反射において単に音量を減衰させているだけであるが，実際の反射においては，壁面における反射率は音の周波数により異なる。

音源「ドレミ」単音の並びを以下の条件で作成して，リバーブのプログラムをテストする。各音の振幅は二次曲線 $e=t(d-t)$（プログラム 3.59 (S) の e =(1:lt).*(lt:-1:1)/lt/lt;// 二次曲線振幅包絡）を用いてなめらかに変化するようにする（**図 3.44**）。

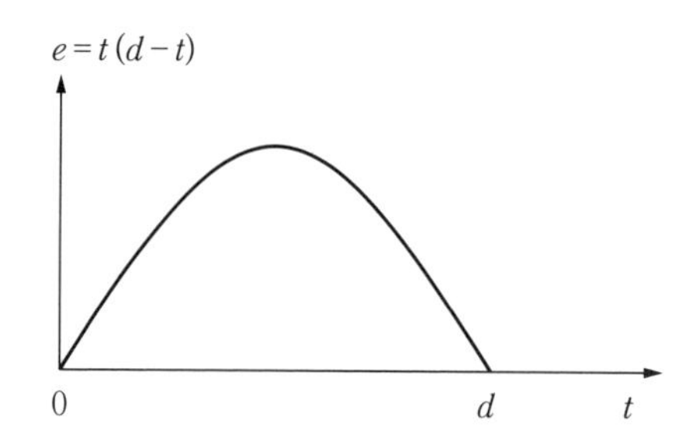

図 3.44　単音の振幅変化

音の長さ　dt = 0.3 sec　　　残響時間　rt = 5 sec

反射音周期　ri = 0.1 sec　　反射時減衰　rd = 0.95

以下は，Scilab でドレミの音にリバーブ処理を施すプログラムである。

〈**プログラム** 3.59 (**S**)〉

```
exec( "reverb.sci" ) ;
dt = 0.3 ;
fs = 22050 ;
t = 0 : 1 / fs : dt ; //時間刻みベクトル
```

```
a = 2 * %pi * t ; //2rを掛けておく
lt = length( t ) ; //音のサンプル数
e = ( 1 : lt ) .* ( lt : -1 : 1 ) / lt / lt ; //二次曲線振幅包絡
x = [e .* sin( 523*a ) e .* sin( 587*a ) e .* sin( 659*a ) ] ;
wave = reverb( x, fs , 5.0 , 0.1 , 0.95 ) ;
sound( wave , fs ) ;
```

得られた波形を**図 3.45** に示す。MATLAB では exec 関数は不要である。また，MATLAB では，コメント行を // から % に変更する。

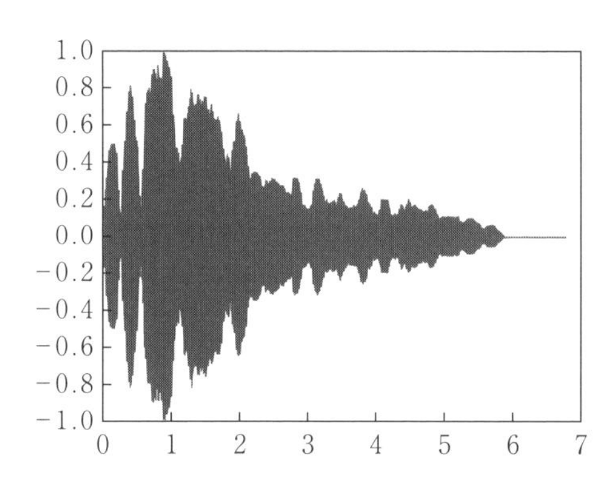

図 3.45 リバーブ処理後の波形

エコーは，遠距離の複数の物体（山，建物）で反射した音が聞こえるものである。反射音は直接音が聞こえてからしばらくしてから耳に入るため，残響の場合と異なり，直接音と分離して聞こえる。ただ，仕組みは残響の場合と同様なので，同じプログラムを使用することができる。

3.4 スペクトル分析

3.4.1 スペクトログラム

自然界にある音は，通常時間的に変化する。音の特徴の時間変化を表示するために用いられるのが**サウンドスペクトログラム**である。**図 3.46** のように音声をほぼ定常的，すなわち同じ波形が繰り返されているとみなせる短い区間ごとに少しずつ切り出す。本シリーズの第 4 巻 3 章「音声音響信号処理」で述べたように，この区間に基本周期が 3 ～ 4 周期含まれるようにする。分析対象が

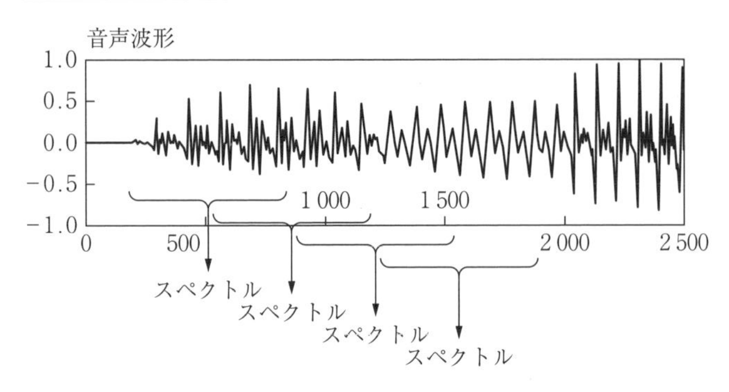

図 3.46　短区間スペクトル分析の繰り返し

音声の場合，基本周期が 5 ～ 10 ms 程度であるから，20 ～ 40 ms 程度の区間がよく用いられる。この区間のことをフレームと呼び，その時間長をフレーム長，あるいは分析窓長という。

この区間のスペクトルを求め，周波数成分強度を色や濃淡で表現したものを時間的に順次並べたものが，スペクトログラムである。スペクトルを求める波形の小区間であるフレームをずらす時間を，フレーム周期もしくはフレームシフトと呼ぶ。フレームシフトは必要な時間分解能に応じて設定する。スペクトル分析には **FFT**（fast Fourier transform）のほか，線形予測分析を用いることもある。

3.4.2　窓　関　数

スペクトログラムにおいては，隣接するスペクトルの間でスペクトル形状の違いが大きいと段差が表れてしまう。このために，切り出し位置によるスペクトル変動の影響を避け，スペクトル推定精度を向上させる**窓関数**（window function）を用いる。スペクトログラムの基本原理については本シリーズの第 4 巻 3 章で述べた。本書では実際的な演算方法について述べる。

短区間スペクトル分析の一般的手段は**図 3.47** のようになっている。まず，一定長の波形を切り出す。これに窓関数を乗算する。窓関数は通常，時間的に中央部が高く両端が低い形状をしており，波形に乗算すると，振幅が両端で小

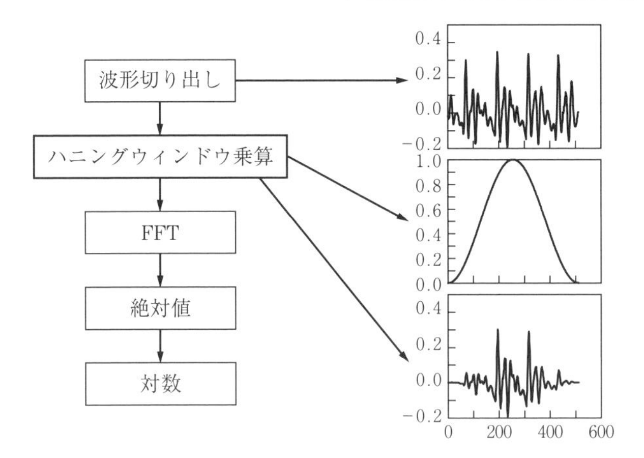

図 3.47　1 フレームの対数スペクトルを求める手順

さくなる。このため，切り出しによる両端での急激な値の変化を避けることができ，スペクトル推定精度を向上できる。また，隣接するフレームでのスペクトル変動を抑えることができる。スペクトログラム作成や音声合成には，隣接する短区間スペクトルの間の変動が少ないハニング窓を用いる。

窓関数には**ハニング窓**（Hanning window）のほか，**ハミング窓**（Hamming window），**ブラックマン窓**（Blackman window），**三角窓**などがあり，それぞれ以下のように与えられる。波形を切り出しただけの場合は，矩形窓を施したことに相当する。

矩形窓（方形窓）

$$w(n)=1 \qquad (0 \leqq n \leqq N) \tag{3.62}$$

三角窓

$$w(n)=\begin{cases} \dfrac{2n}{N} & \left(0 \leqq n \leqq \dfrac{N}{2}\right) \\ \dfrac{2N-2n}{N} & \left(\dfrac{N}{2} \leqq n \leqq N\right) \end{cases} \tag{3.63}$$

ハニング窓

$$w(n)=0.5-0.5\cos\left(2\pi\frac{n}{N}\right) \qquad (0 \leqq n \leqq N) \tag{3.64}$$

ハミング窓

$$w(n)=0.54-0.46\cos\left(2\pi\frac{n}{N}\right) \tag{3.65}$$

ブラックマン窓

$$w(n)=0.42-0.5\cos\left(2\pi\frac{n}{N}\right)+0.08\cos\left(4\pi\frac{n}{N}\right) \tag{3.66}$$

各種窓関数の形状を MATLAB, Scilab で描画してみよう。

MATLAB では，以下のコマンドでハニング窓，ハミング窓，三角窓を比較できる。

〈**プログラム 3.60 (M)**〉

```
plot([hanning(512) triang(512) hamming(512) blackman(512)]);
```

Scilab では，以下のようになる。

〈**プログラム 3.61 (S)**〉

```
plot([window('hn',512)' window('tr',512)' window('hm',512)' ]);
```

図 3.48 に得られた窓関数の比較を示す。

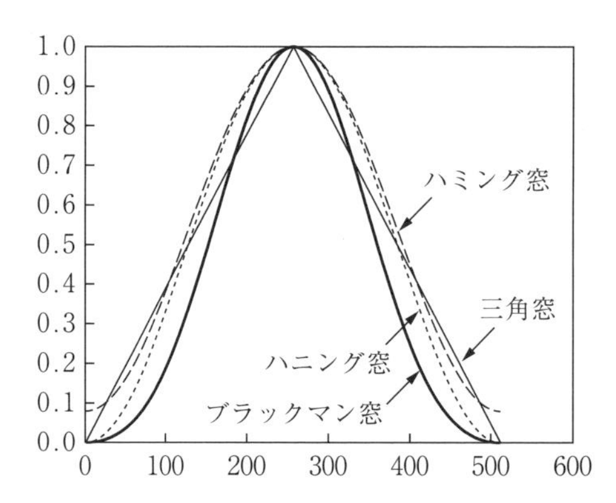

図 3.48　窓関数の比較

このほかに，Kaiser（Kaiser），Chebyshev（chebwin）などの窓関数がよく知られている。（ ）内は MATLAB での関数名である。Scilab の window 関数での指定では Kaiser（'kr'），Chebyshev（'ch'）である。なお，これらの窓関数では，ほかに指定する必要のあるパラメータがあるので注意が必要である。

3.4.3 プリエンファシス

音声は，高い周波数成分ほど信号レベルが低い。このため，レベルの高い信号が優先される線形予測分析や，信号レベルにより色表示するスペクトログラムにおいては，レベルの低い周波数成分の推定精度が低下したり，詳細が見えにくくなったりする場合がある。

これを回避するために，高周波成分を強調することをプリエンファシスと呼ぶ。通常，時間差分に近い $1-0.98z^{-1}$ などのフィルタを用いて高域強調することが多い。

3.4.4 マトリックスの色表示

MATLAB でスペクトログラムを求めてみよう。音声波形が変数 w に読み込まれ，f_s にサンプリング周波数が読み込まれているとする。これからスペクトルの時間変化を求め，その値を時間的に並べると，2 次元のマトリックスが得られる。このマトリックスの各点の強度に応じて色を割り当てる。値と色の対応を**カラーマップ**（colormap）と呼ぶ。本書では，`jet` と呼ばれるカラーマップを用いる。

MATLAB では，マトリックスの各点の強度を色に変換して表示する `imagesc` という関数がある。例えば**図 3.49** のように，1 次元のベクトルを最小値と最大値に合わせて青から赤までの色を割り当ててくれる。

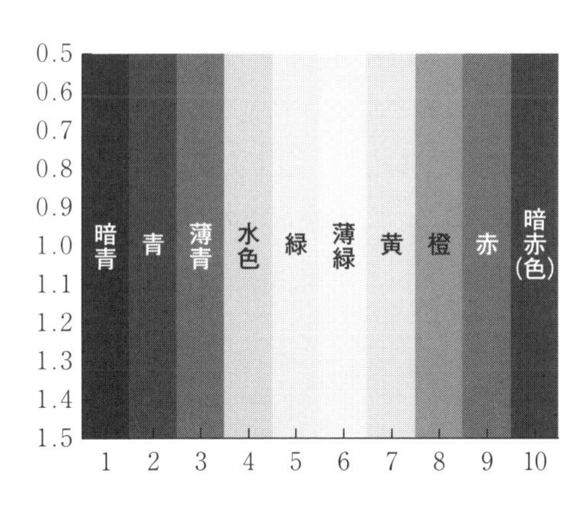

図 3.49 `imagesc` 関数による 1 次元データの色表示（実際の色は本書のホームページ参照）

〈**プログラム 3.62 (M)**〉

```
colormap('jet');
imagesc( 1:10 );
```

カラーマップ jet は，**図 3.50** のようにレベルに応じて RGB 値が変化する。

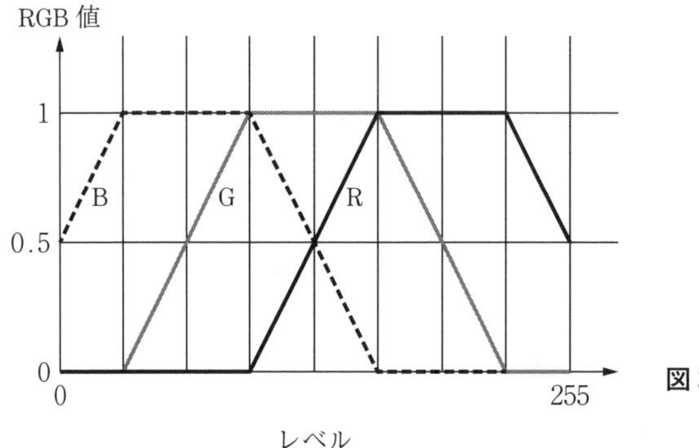

図 3.50　カラーマップ jet の RGB 成分の変化

つぎに，2 次元の行列を imagesc に入力すると何が表示されるかを示す。

$$\begin{bmatrix} 0 & 1 & 2 & 3 \\ 4 & 5 & 6 & 7 \\ 8 & 9 & 10 & 11 \end{bmatrix} \tag{3.67}$$

〈**プログラム 3.63 (M)**〉

```
colormap( 'jet' ) ;
s = [ 0 1 2 3 ; 4 5 6 7 ; 8 9 10 11 ] ;
imagesc( s ) ;
```

図 3.51 の 2 次元の行列の色表示から，行と列の数が多くなれば，図 3.7 に示したようなスペクトログラムが表示できることが予想できる。

imagesc では左上が縦軸と横軸の原点となるので，左下を周波数と時間の原点とするためには上下反転させる必要がある。これを行うのが axis 関数である。

〈**プログラム 3.64 (M)**〉

```
axis xy
```

窓関数を乗算した波形からスペクトルを求めるには FFT を用いる。得られ

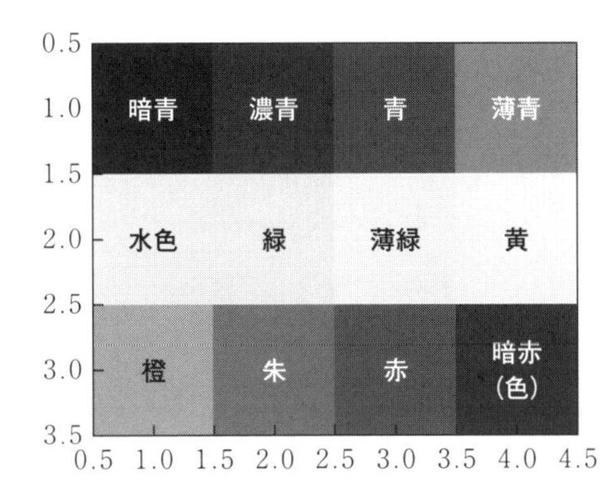

図 3.51　2 次元の行列の色表示（実際の色は本書のホームページ参照）

るスペクトルは，波形のサンプル数と同じ数の複素数ベクトルである。512 サンプルの音波形に対して FFT を行うと 512 点からなるスペクトルが得られるが，その大きさである絶対値は左右対称なので，1 ～ 256 点をスペクトルとして使用する。

スペクトログラムチェック用の音として，プログラム 3.54 で作成した周波数変化音を用いる。この波形を w，サンプリング周波数を fs として，以下のプログラムを実行する。

〈**プログラム 3.65（M）**〉

```
w = conv( w , [ 1 -1 ] ) ;   %差分によるプリエンファシス
shift = round( 0.005 * fs ) ;   %5ms ごとに分析始点シフト
nfft = 512 ;   %FFT 点数
dr = 80 ;   %ダイナミックレンジ 80  dB
is = 1 ;   %短区間の始端
k = 0 ;   %短区間番号
sgm = zeros( nfft / 2 , 1 ) ;   %スペクトログラム格納領域
hnw = hanning( nfft ) ;   %ハニング窓
while  is + nfft < length( w ) ;   %データの長さ以内で繰り返す
    k = k + 1 ;
    x = abs( fft( hnw .* w( is : is + nfft - 1 ) ) ) ;  %窓乗算
    sgm(1:nfft/2,k)=20*log10(x(nfft/2:-1:1));  %dB
    is = is + shift ;   %短区間始点シフト
end ;
sgm = ( sgm - max( max( sgm ) ) + dr ) / dr ;
sgm = max( sgm , 0 ) ;
colormap( 'jet' ) ;   %カラーマップ設定
imagesc( sgm ) ;   %表示
```

ダイナミックレンジは，音の強弱の最大幅を与える。音の波形を前から少しずつ切り出し，ハニング窓を乗じ，FFT 分析により対数スペクトルを求めて，2 次元の行列を作成する。これを imagesc で表示する。なお，周波数軸を逆転して保存しているため，axis による上下反転は不要である。

Scilab のプログラムは以下のようになる。

〈**プログラム 3.66 (S)**〉

```
w = convol( w , [ 1 -1 ] ) ;    //差分によるプリエンファシス
shift = round( 0.005 * fs ) ;   //5ms ごとに分析始点シフト
nfft = 512 ;    //FFT 点数
dr = 80 ;    //ダイナミックレンジ 80  dB
is = 1 ;    //短区間の始端
k = 0 ;    //短区間番号
sgm = 0 ;    //スペクトログラム格納領域
hnw = window( 'hn' , nfft ) ;    //ハニング窓
while  is + nfft < length( w ) ;    //データの長さ以内で繰り返す
    k = k + 1 ;    //
    x = abs(fft(hnw.*w(is:is+nfft-1),-1));    //窓乗算
    sgm(1:nfft/2,k)=20*log10(x(nfft/2:-1:1))';   //dB
    is = is + shift ;    //短区間始点シフト
end ;
nsgm = ( sgm - max( sgm ) + dr ) / dr * 256 ;
nsgm = max( nsgm , 1 ) ;
xset("colormap" , jetcolormap(256) ) ;    //カラーマップ設定
Matplot( nsgm ) ;    //表示
```

これによって表示されるスペクトログラムの例を**図 3.52** に示す。

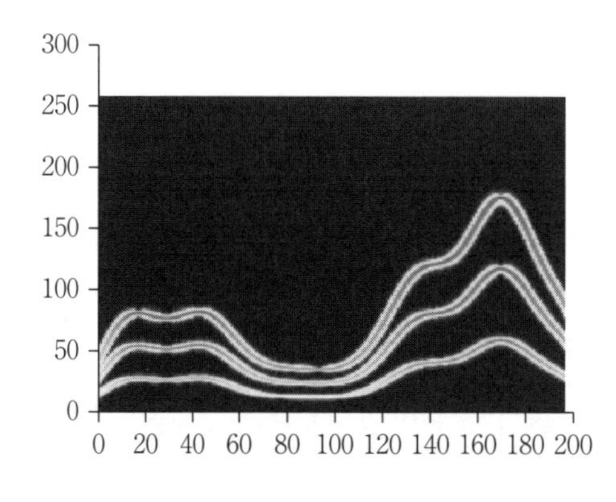

図 3.52　Scilab によるスペクトログラムの例（実際の色は本書のホームページ参照）

3.5 音声音響特有の信号処理

3.5.1 線形予測分析

高速フーリエ変換（FFT）は多くの分野の信号処理に用いられる。その一方で，特定の分野によく用いられる信号処理の手法がある。**線形予測分析**がその一つで，音声信号や生体信号の処理によく用いられる。

線形予測分析は，生体における音声生成の仕組みと対応させるこができる。このため，線形予測分析の方法を用いると**ボコーダ**と呼ばれる音声合成が可能となる。ボコーダは任意のピッチで発音させることができるため，シンセサイザのための人の声の音色を持つ音源の一つとなり得る。また，母音や子音の情報を含ませることができるので，歌を歌わせることもできる。

線形予測分析における予測とは，過去の信号でつぎの信号を予測することを指す。過去の時系列信号の有限個の値の線形結合（一次式）で予測するため，線形予測と呼ばれる（**図 3.53**）。予測値と実際に観測された音響信号の間の差を**予測誤差**と呼ぶ。次式が，時刻 n の信号値をその時点以前の p 個の信号値により予測するモデルである。後で式が簡潔になるようにマイナスの符号"−"をつける。

$$\bar{x}_n = -\sum_{k=1}^{p} \alpha_k x_{n-k} \tag{3.68}$$

予測誤差 ε は観測値と予測値の差で，以下の式で表される。α_k のことを**線形予測係数**（linear predictive coefficient，**LPC**）と呼ぶ。線形予測係数は記号

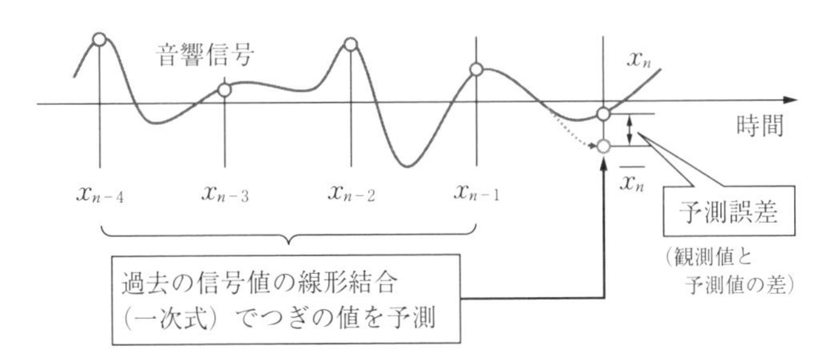

図 3.53 線形予測分析の考え方

α を用いるため，アルファパラメータと呼ばれることがある。ここで $\bar{x}_n$ の係数は 1 であるが，これを $\alpha_0=1$ とすると，次式のように予測誤差の式を次数を 0 から p までとして統一的に記述することができる。

$$\left.\begin{aligned}\varepsilon_n &= x_n - \bar{x}_n \\ &= \alpha_0\, x_n + \sum_{k=1}^{p} \alpha_k\, x_{n-k} \\ &= \sum_{k=0}^{p} \alpha_k\, x_{n-k}\end{aligned}\right\} \tag{3.69}$$

線形予測フィルタは，音声から予測誤差を求めるフィルタと考えられる。予測誤差は，理想的には自己相関関数が時間差 0 のときのみ相関があるデルタ関数であり，インパルス列または白色雑音である。これらの予測誤差は平坦なスペクトルを持つ。この線形予測フィルタの逆数となる逆フィルタを考えると，平坦なスペクトルを持つ予測誤差から音声を生成するフィルタとなっており，逆フィルタの伝達関数の周波数特性が音声スペクトルそのものとなっていることがわかる（**図 3.54**）。

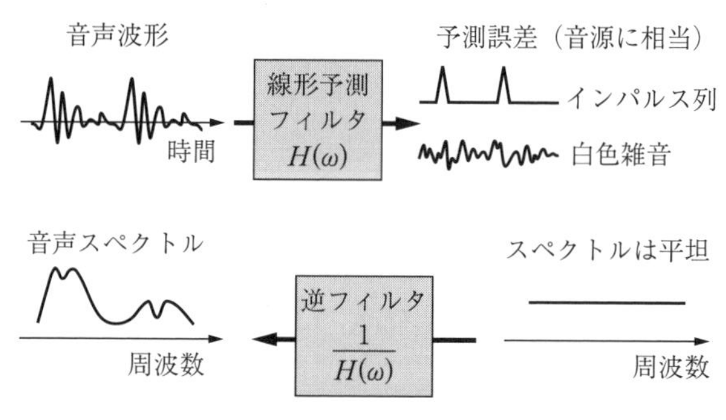

図 3.54　音声スペクトルが線形予測フィルタの逆フィルタで求まる仕組み

予測誤差の式 (3.69) を z 変換すると以下の式となる。

$$E(z)=\left(\sum_{k=0}^{p} \alpha_k\, z^{-k}\right)X(z) \tag{3.70}$$

予測誤差はスペクトルに偏りのない白色雑音かインパルス列と考えると，そ

の z 変換は $E(z)=1$ となる。したがって，音声スペクトルは以下の式で与えられる。

$$X(z)=\frac{1}{\sum_{k=0}^{p}\alpha_k z^{-k}} \tag{3.71}$$

線形予測係数は，以下に示す予測誤差の分散を小さくする値の組として求められる。

$$\left.\begin{aligned}\overline{\varepsilon_n^{\,2}}&=\overline{\left(\sum_{k=0}^{p}\alpha_k x_{n-k}\right)^2}\\&=\frac{1}{N}\sum_{n=1}^{N}\left(\sum_{k=0}^{p}\alpha_k x_{n-k}\right)^2\\&=\frac{1}{N}\sum_{n=1}^{N}\left(\sum_{k=0}^{p}\alpha_k x_{n-k}\right)\left(\sum_{m=0}^{p}\alpha_m x_{n-m}\right)\\&=\frac{1}{N}\sum_{n=1}^{N}\left(\sum_{k=0}^{p}\sum_{m=0}^{p}\alpha_k\alpha_m x_{n-k}x_{n-m}\right)\\&=\sum_{k=0}^{p}\sum_{m=0}^{p}\alpha_k\alpha_m\frac{1}{N}\sum_{n=1}^{N}x_{n-k}x_{n-m}\\&=\sum_{k=0}^{p}\sum_{m=0}^{p}\alpha_k\alpha_m r_{k-m}\end{aligned}\right\} \tag{3.72}$$

ここで r_{k-m} は時間差が $k-m$ の**自己相関係数**である。

$$r_k=\frac{1}{N}\sum_{n=0}^{N}x(n)x(n+k) \tag{3.73}$$

なお，信号の平均は 0，分散は 1 であると仮定する。式 (3.72) の 2 乗誤差の期待値が最小になるように予測係数 $\alpha_1 \sim \alpha_p$ を決定するには，予測誤差の分散が，予測係数に関する二次関数になっていることから，各線形予測係数による偏微分がすべて 0 になる条件を求めればよい。

予測誤差の分散の線形予測係数 α_j に関する偏微分は以下の式で与えられる。

$$\left.\begin{aligned}\frac{\partial\overline{\varepsilon_n^{\,2}}}{\partial\alpha_j}&=\frac{\partial}{\partial\alpha_j}\sum_{k=0}^{p}\sum_{m=0}^{p}\alpha_k\alpha_m r_{k-m}\\&=2\sum_{k=0}^{p}\alpha_k r_{k-j}\end{aligned}\right\} \tag{3.74}$$

$$= 2\left(\sum_{k=1}^{p} \alpha_k r_{k-j} + r_{0-j}\right) \Bigg|$$

すべてのα_jについて，偏微分が0になる条件を求める。

$$\sum_{k=1}^{p} \alpha_k r_{k-j} + r_j = 0 \Bigg|_{j=1,2,\cdots,p} \tag{3.75}$$

これらはp元一次連立方程式となっており，行列を用いて以下のように表すことができる。この連立方程式を**Yule-Walker方程式**と呼ぶ。

$$\begin{bmatrix} r_0 & r_1 & \cdots & r_{p-1} \\ r_1 & r_0 & \cdots & r_{p-2} \\ \vdots & \vdots & \ddots & \vdots \\ r_{p-1} & r_{p-2} & \cdots & r_0 \end{bmatrix} \begin{bmatrix} \alpha_1 \\ \alpha_2 \\ \vdots \\ \alpha_p \end{bmatrix} = -\begin{bmatrix} r_1 \\ r_2 \\ \vdots \\ r_p \end{bmatrix} \tag{3.76}$$

この左辺の行列は$p \times p$の正方行列で，規則的に自己相関係数が配置されている。この行列を**Toeplitz型行列**と呼ぶ。

Yule-Walker方程式の各部に式(3.77)のように変数を割り当てる。

$$\left.\begin{aligned} T &= \begin{bmatrix} r_0 & r_1 & \cdots & r_{p-1} \\ r_1 & r_0 & \cdots & r_{p-2} \\ \vdots & \vdots & \ddots & \vdots \\ r_{p-1} & r_{p-2} & \cdots & r_0 \end{bmatrix} \\ A &= \begin{bmatrix} \alpha_1 \\ \alpha_2 \\ \vdots \\ \alpha_p \end{bmatrix} \\ R &= -\begin{bmatrix} r_1 \\ r_2 \\ \vdots \\ r_p \end{bmatrix} \\ TA &= R \end{aligned}\right\} \tag{3.77}$$

線形予測係数は，左辺の行列の逆行列を両辺に乗算することにより，以下の式のように求めることができる。また線形予測係数を用いると，ボコーダの作

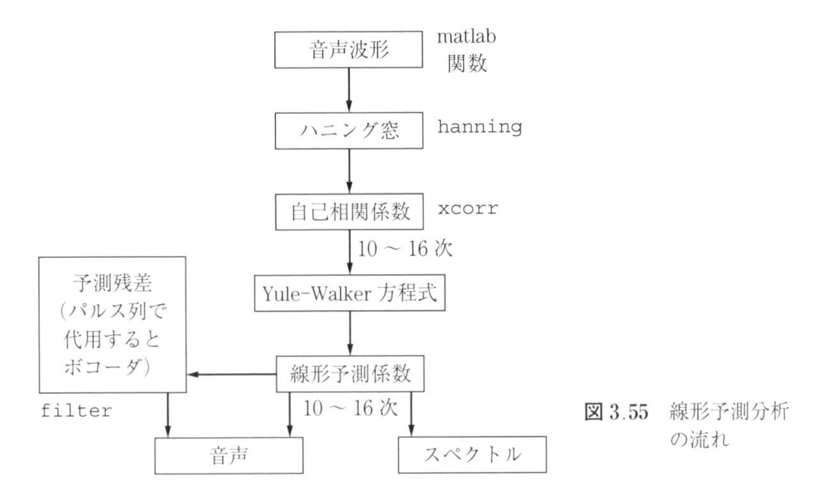

図 3.55　線形予測分析の流れ

成やスペクトル推定を行うことができる（**図 3.55**）。

$$\left.\begin{array}{l} A=T^{-1}R \\ \begin{bmatrix} \alpha_1 \\ \alpha_2 \\ \vdots \\ \alpha_p \end{bmatrix} = -\begin{bmatrix} r_0 & r_1 & \cdots & r_{p-1} \\ r_1 & r_0 & \cdots & r_{p-2} \\ \vdots & \vdots & \ddots & \vdots \\ r_{p-1} & r_{p-2} & \cdots & r_0 \end{bmatrix}^{-1} \begin{bmatrix} r_1 \\ r_2 \\ \vdots \\ r_p \end{bmatrix} \end{array}\right\} \tag{3.78}$$

この行列は，MATLAB では以下のような演算で解くことができる。例えば，自己相関係数が以下の値であったとする。

$r_0=1$，$r_1=0.5$，$r_2=0.1$

この場合の Yule-Walker 方程式は以下の式となる。

$$\begin{bmatrix} 1 & 0.5 \\ 0.5 & 1 \end{bmatrix}\begin{bmatrix} \alpha_1 \\ \alpha_2 \end{bmatrix} = -\begin{bmatrix} 0.5 \\ 0.1 \end{bmatrix} \tag{3.79}$$

この式は，以下の連立一次方程式と等価である。

$$\left.\begin{array}{l} \alpha_1+0.5\,\alpha_2=-0.5 \\ 0.5\,\alpha_1+\alpha_2=-0.1 \end{array}\right\} \tag{3.80}$$

第 2 式を 2 倍して第 1 式を減算すると，以下のように解を求めることができる。

$$\left.\begin{aligned} \alpha_1+0.5\,\alpha_2&=-0.5\\ \alpha_1+2\,\alpha_2&=-0.2\\ 1.5\,\alpha_2&=0.3\\ \alpha_2&=0.2\\ \alpha_1&=-0.5-0.5\,\alpha_2\\ &=-0.6 \end{aligned}\right\} \tag{3.81}$$

この式を MATLAB で解くには，以下のプログラムを実行すればよい。

〈**プログラム 3.67 (M)**〉

```
T = [ 1 0.5 ; 0.5 1 ];
R = - [ 0.5 ; 0.1 ];
A = inv( T ) * R
```

T が Toeplitz 行列，R が右辺の自己相関係数のベクトルである。これにより，以下のような結果が得られる。

$A=$

　　$-0.600\,0$

　　$0.200\,0$

なお，R2015a 以降のバージョンの MATLAB では，以下の計算法が推奨されている。

〈**プログラム 3.68 (M)**〉

```
T = [ 1 0.5 ; 0.5 1 ];
R = - [ 0.5 ; 0.1 ];
A = T ¥ R
```

z 変換の定義は式 (3.80) のとおりで正規化角周波数 λ の関数である。

$$z=e^{j\lambda} \qquad (0\leqq\lambda\leqq\pi) \tag{3.82}$$

これより，線形予測フィルタの逆フィルタから以下の式により，音声スペクトルを求めることができる。

$$X(z)=\frac{1}{\sum_{k=0}^{p}\alpha_k\,z^{-k}} \tag{3.83}$$

これにより求まる音声スペクトルは，線形予測スペクトルあるいは LPC スペクトルと呼ばれる。LPC スペクトルと FFT スペクトルを比較すると，LPC

スペクトルではFFTスペクトルに見られる声帯振動に基づく倍音構造が見られず，FFTスペクトルのピークを結んだ包絡線のようになっている。これを**スペクトル包絡**と呼ぶ（**図3.56**）。

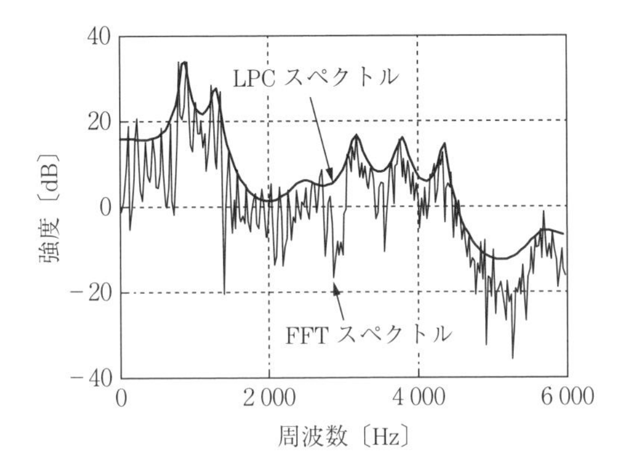

図3.56　線形予測分析によるスペクトル包絡とFFTスペクトルの比較

3.5.2　ボ　コ　ー　ダ

線形予測の式は，以下の予測誤差が最小になる基準で線形予測係数を求めるというものであった。

$$\left.\begin{aligned} \varepsilon_n &= x_n - \bar{x}_n \\ &= x_n + \sum_{k=1}^{p} \alpha_k \, x_{n-k} \end{aligned}\right\} \tag{3.84}$$

この式を変形すると，以下のようにそれまでのxの値と予測誤差εから，つぎのxを求める式が得られる。

$$\left.\begin{aligned} x_n &= \varepsilon_n + \bar{x}_n \\ &= \varepsilon_n - \sum_{k=1}^{p} \alpha_k \, x_{n-k} \end{aligned}\right\} \tag{3.85}$$

この式は予測誤差εを入力，xを出力とするフィルタとなっていることがわかる。過去の出力を入力とともに用いるので，フィードバックのあるIIRフィルタとなっている。この演算により，予測誤差εから音声xが生成されることになる。予測誤差εをパルス列で代用すると，声帯振動による発声を模擬するボコーダとなる。1秒間のパルス数が音の高さを，線形予測係数が音声スペクトルを与える。すなわち，任意の声の高さで合成音声を発声させることができる。

MATLABでは，filter関数でIIRフィルタの演算ができる。伝達関数は

$$H(z)=\frac{1}{\sum_{k=0}^{p}\alpha_k z^{-k}} \tag{3.86}$$

となるから，分子係数bは1となる。分母係数aは線形予測係数となる。以下のプログラムで，xにインパルス列を与えれば，音声がyとして得られる。

〈**プログラム3.69（M）**〉

```
y = filter( b , a , x ) ;
```

簡単なプログラムでボコーダ音声を作成してみよう。できるだけ短いプログラムでボコーダを体験できるように，音高周波数の逆数が音声の基本周期になるので，この間隔で波形を取得する。スペクトル分析周期と合成音の周期が異なる場合には，特徴量の補間を行う必要があるが，本方法ではそれを避けることができる。

これから線形予測係数を求め，1回分のインパルス応答を得る。それを基本周期間隔で並べ，指定された音の長さまで続ける。指定された音が原音より長い場合には，原音の最後の波形を指定された音の長さまで繰り返す（**図3.57**）。

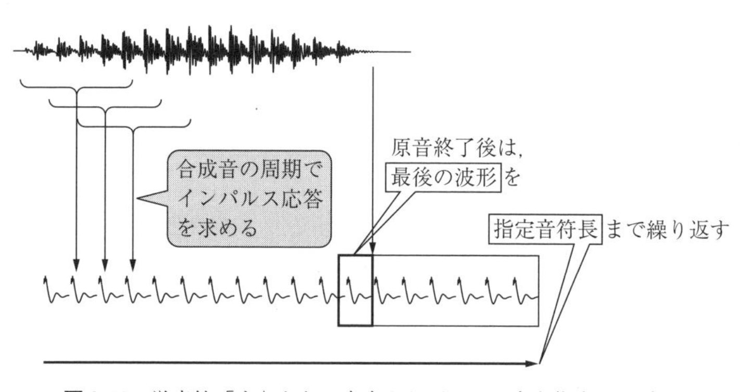

図3.57　単音節「ま」などの音声からボコーダ音を作成する手順

まず，単音節「ま」の音声を収録する。MATLABの場合には，audiorecorder関数を使用して音を収録できる。この波形を in，サンプリング周波数を fs，合成音声の周波数を f，音の継続時間を dur とすると，以下のプログラムでボコーダ音を作成できる。

〈**プログラム 3.70 (M)**〉

```
function out = vocoder_syllable( in , fs , f , dur )
% ボコーダ
% out     出力音声     横ベクトル
% in      入力音声     横ベクトル  例：「ま」と発声した音声
% fs      サンプリング周波数 例：11025 (Hz)
% f       音高周波数 例；220 (Hz)
% dur     時間長例：1.0 (sec)
% 初期設定
p = 16;                        % 線形予測分析次数
width = 0.03;                  % 分析窓長 (sec)
at = 0.05;                     % アタックタイム (sec)

shift = 1 / f;            % 分析シフト (sec)
lsh = fix( shift * fs );     % 分析シフトに対応したサンプル数
lwd = fix( width * fs );     % 分析窓長に対応したサンプル数
lat = fix( at * fs );        % アタックサンプル数
hw = hanning( lwd )' ;        % ハニング窓　横ベクトル
if size( in , 2 ) == 1; in = in' ; end;
% 入力ベクトルが縦なら横に
lin = length( in );            % 入力音声サンプル数
ltone = round( fs * dur );  % 音符サンプル数
nframein = floor( ( lin - lwd ) / lsh );   % 入力フレーム数
nframeout = floor( ( ltone - lwd ) / lsh );   % 出力フレーム数
out = zeros( 1 , ltone );  % 出力音声格納場所
% 声帯振動周期で線形予測分析，インパルス応答に変換，配置
for frame = 1 : nframeout ;
      is = lsh * ( frame - 1 ) + 1 ;  % 元音声の切り出し開始位置
      ie = is + lwd - 1 ;             % 元音声の切り出し終了位置
      if frame <= nframein ;
      % 入力音声長以上では最終フレーム繰返す
          x = in( is : ie ) .* hw ;     % 切り出してハニング窓掛け
          ac = xcorr( x , p , 'coeff' );  % 自己相関係数
          toe = zeros( p , p );           % Toeplitz 行列
          for k = 1 : p;
              toe( k , : ) = ac( p+2 - k : 2*p+1 - k );
          end;
          r = - ac( p+2 : 2*p + 1 )';      %  右辺縦ベクトル
```

```
        alfx = toe ¥ r;
        % inv(toe) * r と同じで高速演算
        alf = [ 1 alfx' ];
        % 0 次の予測係数 1 を左端に追加
        impulse = [ 1 zeros( 1 , lsh-1 ) ];
        %  逆フィルタで音声インパルス応答
        impresp = filter( 1 , alf , impulse );
        % 声道のインパルス応答
        impresp = impresp / max( abs( impresp ) );
        % 振幅正規化
    end;
    out( is : is + lsh - 1 ) = out( is : is + lsh - 1 ) +
  impresp;
end;
out = out / max( abs( out ) );          % 最大値正規化
vca = [ ( 0 : (lat-1 ) )/lat ones( 1 , ltone-lat ) ];
% なめらかに音量を上昇

out = vca .* out;
end
```

このプログラムを使って歌を歌わせることができる。以下はドミソを歌うプログラムの例である。

〈**プログラム 3.71 (M)**〉

```
% vocoder_syllable のテスト
%「ま」音声を変数 ma に読み込みの後実行
% サンプリング周波数 fs も同時に読み込まれているとする
% la las si do dos re res mi fa fas so sos la

fx = 110 * 2 .^ ( (0:12)/12 );
do = fx(4);
mi = fx(8);
so = fx(11);
o = 0.25;

melo = [];
melo = [ melo vocoder_syllable( ma , fs , do , o*2 ) ];
melo = [ melo vocoder_syllable( ma , fs , mi , o*2 ) ];
melo = [ melo vocoder_syllable( ma , fs , so , o*5 ) ];
sound( melo , fs );
```

なお，上記は MATLAB 限定の関数は用いていないので，容易に Scilab のプログラムに変形できる。MATLAB と Scilab では窓関数の使い方が異なるので，スペクトログラムの節のプログラム 3.61（S）を参考に修正してほしい。

3.6 音声認識と音声合成のための基本演算

3.6.1 ケプストラム

本シリーズ第 4 巻において述べたように，**ケプストラム**（cepstrum）は少数の値の組でスペクトルを表現できる特徴がある。ケプストラムは対数スペクトルを逆フーリエ変換したものである。対数スペクトルはパワースペクトルの絶対値の対数をとったもので，周波数を横軸としたときの周波数の原点を境として左右対称である。したがって，対数スペクトルは偶関数であり，ケプストラム係数は対数スペクトルの cos 展開係数に当たる。

$$\log\left|X(\lambda)\right| = \sum_{k=-K}^{K} c_k \cos(\lambda k) \tag{3.87}$$

正規化角周波数の関数として表されたスペクトルを $X(\omega)$ とすると，n 次のケプストラム係数は以下の式で求められる。

$$\left.\begin{aligned} c_n &= \frac{1}{2\pi}\int_{-\pi}^{\pi} \log\left|X(\omega)\right| e^{j\omega n} d\omega \\ &= \int_{-1/2}^{1/2} \log\left|X(2\pi f)\right| e^{j\,2\pi f n} df \\ &= \frac{1}{2N}\sum_{k=-N}^{N} \log\left|X(k)\right| e^{j\frac{2\pi}{2N}kn} \\ &= \frac{1}{2N}\sum_{k=-N}^{N} \log\left|X(k)\right| \cos\left(\pi\frac{k}{N}n\right) \end{aligned}\right\} \tag{3.88}$$

MATLAB においては，定義式どおり以下の演算によりケプストラムを求めることができる。なお，FFT の演算の原理のため，入力波形 `w` は 2 のべき乗の長さを持ち，ハニング窓などの窓関数を乗算した波形であるとする。`ifft` は逆フーリエ変換の関数である。Scilab においては `fft(w)` を `fft(w,-1)`，`ifft(lsp)` を `fft(lsp,1)` とする。

〈**プログラム 3.72 (M)**〉

```
sp = abs( fft( w ) ) ;
lsp = log( sp ) ;
cep = ifft( lsp ) ;
```

3.6.2 ケプストラムによるピッチ抽出

ピッチ抽出とは**基本周波数**を求めることである。前項において，**ケプストラム**の高次成分は対数スペクトル上の細かい起伏に対応し，周期的な振動において見られる倍音構造に対応することを述べた。ここでは，ケプストラムを用いで基本周波数を求める方法について述べる。

周期 T の周期的な波形は $F_0=1/T$ を基本周波数として，その整数倍の高調波成分から構成される。すなわち，スペクトルは $2F_0$，$3F_0$，…，nF_0 において局所的ピークを示す。最高周波数を $f_{\max}$ とすると，k 次のケプストラムは $-f_{\max}$ から $+f_{\max}$ までに k 個のピークを持つ。すなわち，基本周波数は以下の式で求められることになる。

$$F_0=\frac{2f_{\max}}{k} \tag{3.89}$$

例えば，イメージを描きやすい例として $k=4$ すなわち 4 次のケプストラム係数が最大値を示したとすると，$F_0=f_{\max}/2$ が基本周波数であることになる。

この原理に基づいてピッチを求める MATLAB の方法を以下に示す。

〈**プログラム 3.73 (M)**〉

```
function pitchf = calpitch_cep( voice , fs )
% ピッチ抽出
%-------------------------------------------------------------
nfft = 512;                                  % FFT 分析次数
hw = hanning( nfft );                        % ハニング窓
fmin = 100;                                  % 分析周波数下限
fmax = 400;                                  % 分析周波数上限
mincep = round( fs / fmax );                 % ケプストラム次数下限
maxcep = round( fs / fmin );                 % ケプストラム次数上限
%-------------------------------------------------------------
lvoice = length( voice );
```

```
% パワー＝波形２乗和　が最大の場所を見つける
pmax = 0; imax = 1;
for i = 1 : nfft : lvoice - nfft;
      pw = sum( voice( i : i+nfft-1 ) .^2 );
      if pw > pmax ; pmax = pw; imax = i ; end;
end;
% パワー最大部分の波形のケプストラム分析
wv = voice( imax : imax+nfft-1 );
cep = ifft( log( abs( fft( wv .* hw ) ) ) );
% ケプストラムが最大の次数を見つける　それがピッチ
[ cepmax , mx ] = max( cep( mincep : maxcep ) );
pitchf = fs / ( mx + mincep - 2 );

end
```

Scilabにおいてはコメントを`%`から`//`に修正し，`fft(x)`を`fft(x,-1)`，`ifft(x)`を`fft(x,1)`に修正すればよい。

3.6.3 変形相関関数によるピッチ抽出

もう一つ代表的なピッチ抽出法を紹介しよう。音声波形に対して線形予測モデルを求め，その予測誤差波形を求める。この波形は予測できなかった成分で予測残差と呼ばれる。予測残差は有声部分では音源パルスに近い波形，摩擦音などの無声部分では白色雑音に近い波形となる。**図3.58**に残差の例を示す。

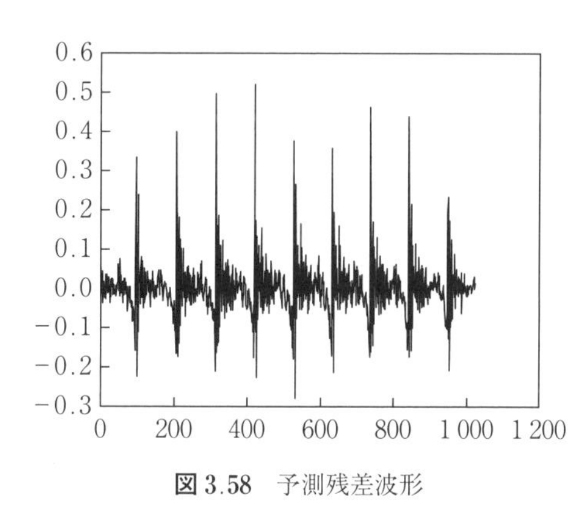

図3.58　予測残差波形

この**予測残差**の自己相関関数は，ピッチ周期に当たる時間差において高い相関を示すことが予想される。この原理を用いたピッチ抽出が**変形相関法**（**残差相関法**）である。MATLABでのプログラムを以下に示す。

〈**プログラム3.74（M）**〉

```
function [ reswav,alfx ] = wav2lpcreswav( wave,fs, npole )
% 波形から線形予測係数
```

```
% reswav   residual wave (row vector)
% alfx     alfaparameteralfx(1)=1i.e.alfx=[1 alf(1:npole) ]
% wave    input wave (row vector)
% fs      sampling freq. (Hz)
% npole   LPC analysis order

lwave = length( wave );
autcor =xcorr( wave, npole , 'coeff' );

toe = zeros( npole , npole ) ;
for k = 1 : npole ;
     toe( k,: ) = autcor( npole + 2 - k : 2 * npole + 1 - k );
end;
r = - autcor( npole + 2 : 2 * npole + 1 )' ;
alf = toe ¥ r ;
alfx = [ 1 alf' ] ;

reswav = conv( wave , alfx );

end
```

Scilab においては，線形予測係数の計算 `alf = toe ¥ r ;` を
`alf = inv( toe ) * r ;` とし，`conv` の代わりに `convol` を用いればよい。
音声「あ」の波形，その予測残差波形および残差波形の自己相関関数を**図 3.59** ～**図 3.61** に示す。

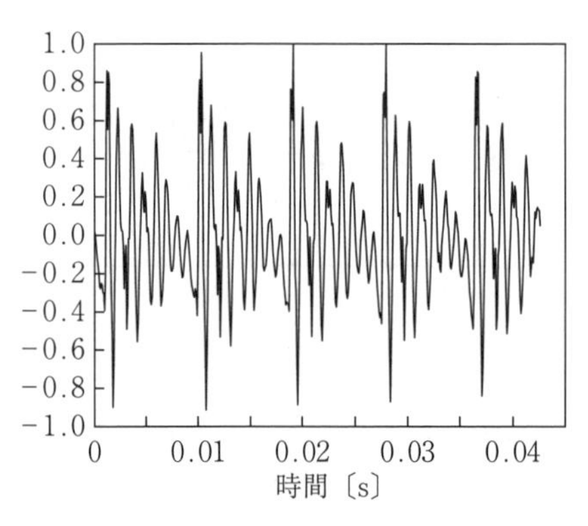

図 3.59　音声「あ」の波形

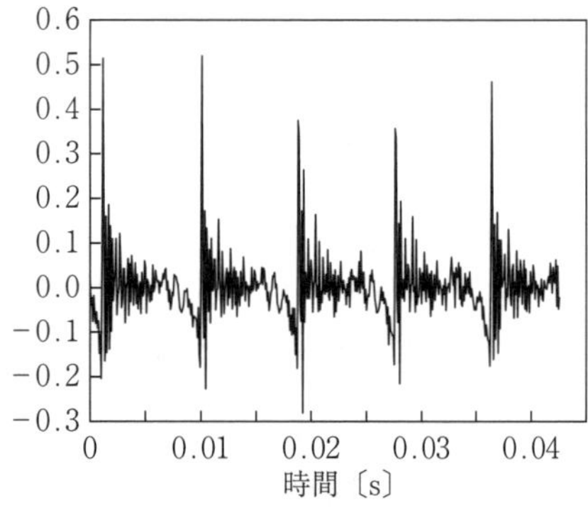

図 3.60　線形予測分析による予測残差波形

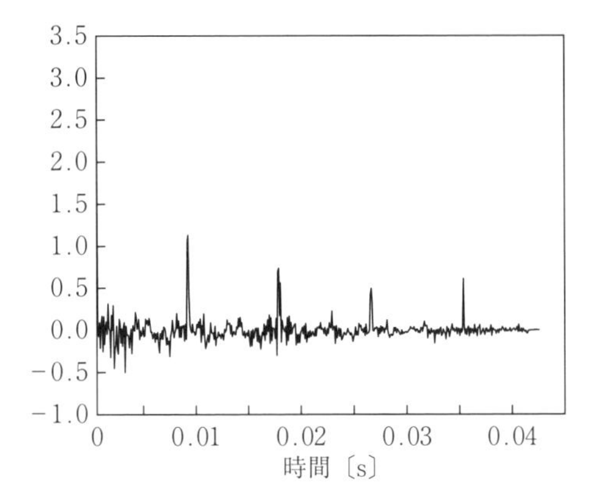

図 3.61　残差の自己相関関数

〈**プログラム 3.75（S）**〉

```
t = ( 0 : 511 ) * ( 1 / fs ) ;
plot( t , wave ) ;
plot( t , res( 1 : 512 ) ) ;
rescor = xcorr( res( 1 : 513 ) ) ;
plot( t , rescor( 513 : 1024 ) ) ;
[ x , n ] = max( rescor( 514 : 1024 ) ) ;
f0 = fs / n ;
```

図 3.61 において $n=106$ 番目の残差相関ピークがある。この音声のサンプリング周波数は 12 kHz なので，1 秒に入る周期の数は 12 000/106＝113 であるから，基本周波数は 113 Hz ということになる。

3.6.4　音声認識における音響処理の基本

音声認識は未知音声と典型的な，あるいは標準的な音声との照合に基づいている。その中の基本要素が母音や子音の音響的な照合である。発声内容に関する音声の音響的な特徴はスペクトルに含まれるので，その形状の類似性を数値的に求めるためにさまざまな**類似度**が提案されてきた。本書では，本シリーズ第 4 巻 3 章で解説した類似度のうち，よく用いられるユークリッド距離と cos 類似度を MATLAB や Scilab で計算する方法を述べる。

3.6.5 ユークリッド距離

2点間の距離として最も直観的な尺度は，K 次元空間中の直線距離である**ユークリッド距離**である。二つの K 次元ベクトル u，v のユークリッド距離は以下のように与えられる。**DTW**（dynamic time warping）におけるスペクトル距離として用いられてきた。ベクトル u，v としてよく用いられる特徴量は，8～16 次のケプストラムあるいは **MFCC**（mel frequency cepstral coefficient）である。

$$d(u,v)=\sum_{k=1}^{K}(u_k-v_k)^2 \tag{3.90}$$

の式は以下により求まる。

〈**プログラム 3.76（M）**〉

```
u = [ 1 2 ] ;
v = [ 4 6 ] ;
d2 = sum( ( u - v ) .^ 2 )
```

3.6.6 cos 類 似 度

よく用いられる類似度として cos 類似度がある。これは二つの K 次元のベクトル u，v の角度を θ として $\cos(\theta)$ で表される。内積を

$$\mathrm{dot}(u,v)=\sum_{k=1}^{K}u_k v_k \tag{3.91}$$

と記述すると，cos 類似度は以下の式により求まる。

$$\cos(\theta)=\frac{\mathrm{dot}(u,v)}{\sqrt{\mathrm{dot}(u,u)\,\mathrm{dot}(v,v)}} \tag{3.92}$$

MATLAB でも Scilab でも内積を求める `dot` という関数があり，cos 類似度は以下のプログラムにより求めることができる。

〈**プログラム 3.77（M, S）**〉

```
u = [ 1 2 ] ;
v = [ -4 2 ] ;
ct = dot( u , v ) / sqrt( dot( u , u ) * dot( v , v ) )
```

この例では，ベクトル u，v のなす角度は 90° なので，ct の値は 0 となる。

3.7 楽器音の合成

3.7.1 合成方式

楽器音は多くの周波数成分を含む。楽器により，低周波から高周波まで連続的に周波数成分が含まれるものや，周波数分布が離散的なものがある。音の高さに関係が深い振動は，基音と呼ばれる。周波数分布が離散的な楽器では，基音の整数倍の周波数の振動が含まれる。これらは，高調波あるいは倍音と呼ばれる。楽器によっては，整数倍の振動成分以外の周波数を含むことがあり，非整数次倍音とも呼ばれる。

本節では，倍音構造を持つ楽器音の合成方法について述べる。楽器らしい音色を奏でるためには，楽器固有の倍音成分構成を生成する必要がある。**表 3.4** は各種の楽器音合成方式である。楽器音を合成するシステムを**シンセサイザ**（sound synthesizer，または単に synthesizer）と呼ぶ。

表 3.4　楽器音合成方式

方式	FM 音源	FM 変調で楽器の音色を生成
	波形サンプル	実際の楽器の音を録音して利用
	物理モデル	実際の楽器シミュレーション
	減算合成	多数倍音を含む波形発生，不要倍音を減衰・削除
	加算合成	倍音を作成し足し合わせ

FM 音源とは，周波数変調の周波数や変調度を調整することにより，さまざまな音色を発生させる方式である。原理は単純でありプログラミングや実装も容易であるが，調整は難しい。波形サンプルは，最近の多くの電子楽器で用いられている方法で，録音した実際の楽器音を用いて音を発生させる。

物理モデルは，楽器を物理的にモデル化し，振動のシミュレーションを行って発音させる。実際の楽器はそれ自身の振動や音の吸収や複雑な内部での音の反射があり，また，奏者などさまざまな要因による振動の不規則性も考慮する必要があり，簡単なモデルでは実現できない。

減算合成は，コンピュータが発達する前に制作された多くのアナログシンセサイザで用いられてきた方法で，電気回路で発生させた多くの倍音を含む音から，不要な成分をフィルタで取り除くことにより楽器音に近づける方法である。楽器音は短時間で周波数成分が変化するが，電気回路では容易にその特性を実現できる。

それに対し，ディジタルコンピュータでは容易に正弦波を生成できるため，多くの倍音成分を作り出して加算する加算合成方式が，減算合成方式に比較してプログラミングが容易である。しかし，自然な周波数特性の時間変化を生成することは比較的容易ではない。このため，音色が単調になりやすい（**表 3.5**）。

表 3.5　加算合成方式と減算合成方式の比較

方式	概　要	長　所	短　所
加算合成	倍音を発生，重み付け加算	倍音ごとの時間変化可能でプログラミング容易	音色が単調
減算合成	多くの倍音を含む波形を発生，フィルタで不要成分削除	倍音構造を持たない音の混合可能。音質が良い	時間変化するフィルタのプログラミングが難しい

図 3.62 が基本的なアナログシンセサイザの構成図である。本節では，このアナログシンセサイザをディジタルコンピュータのプログラムで体験する方法を述べる。また，**表 3.6** にモジュールと呼ばれるシンセサイザの各部分の略号の意味を示す。アナログシンセサイザにおいては，各モジュールはアナログの

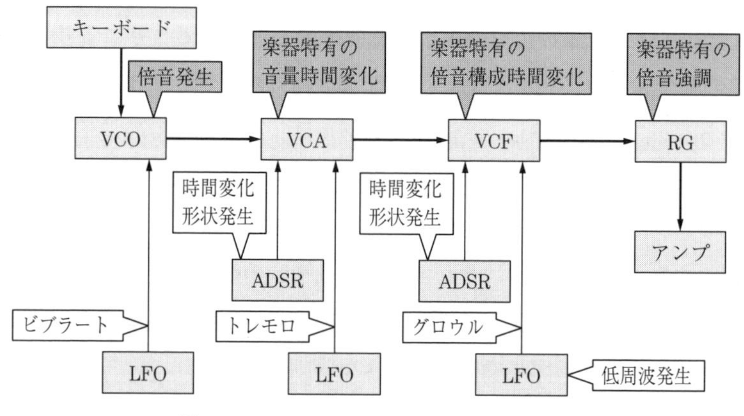

図 3.62　アナログシンセサイザの基本構成

表 3.6　シンセサイザの各部分の略号の意味

発振器	VCO：voltage controlled oscillator
振幅時間変化	VCA：voltage controlled amplifier
倍音時間変化	VCF：voltage controlled filter
制御信号発生	ADSR：attack decay sustain release
共振特性	RG：resonance generator
周期的変調	LFO：low frequency oscillator

電子回路で構成されている。

3.7.2 VCO

スイッチを切り替えることにより，基本的な波形を，正弦波，方形波，鋸歯(きょし)状波，三角波の中から選ぶ（**図 3.63**）。一つの端子の電圧を上下させると発信周波数が増減するため，電圧制御発振器と呼ばれる。

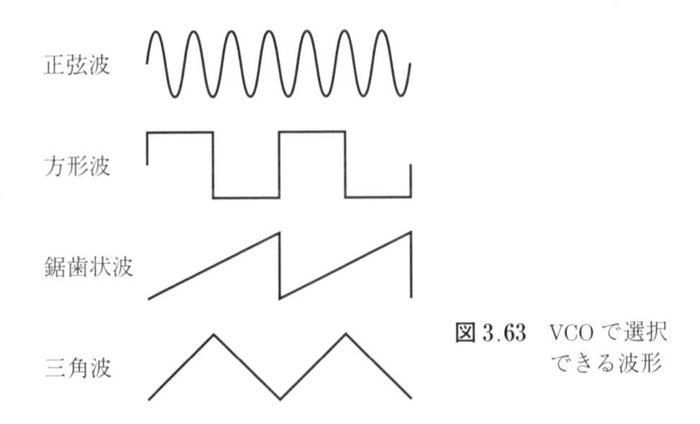

図 3.63　VCO で選択できる波形

3.7.3 VCA

増幅率を変化できるモジュールである。一つの端子の電圧を上下させると，増幅率が変化する。各音符ごとの音量変化を発生させる。

3.7.4 ADSR

楽器音は振幅が時間とともに変化する。おおむね一旦振幅が大きくなった後，安定状態まで減衰し，しばらく安定な発振が続く。発振終了時には振幅が

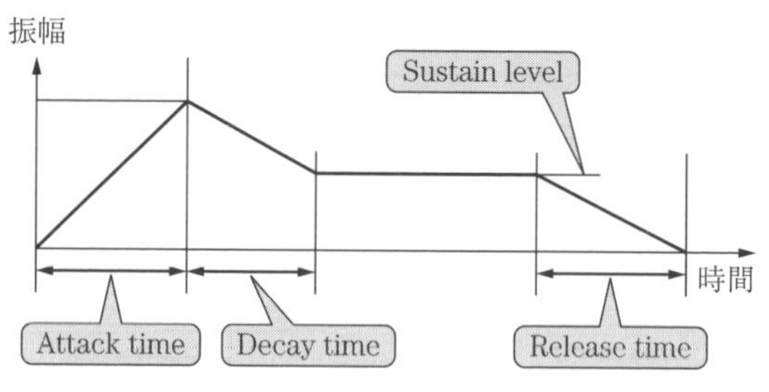

図 3.64　多くの楽器に共通な，1 音中での音量の時間変化の特性をモデル化した ADSR

徐々に減少する。この特性をモデル化したものが ADSR である（**図 3.64**）。

ADSR は，Attack time，Decay time，Sustain level，Release time の略である。ADSR の出力で VCA を制御する。

3.7.5　VCF

図 3.65 は，トランペットの音の倍音構成の時間変化である。縦軸は周波数である。音量の変化と同様に，吹きはじめで高周波域まで倍音が発生するが，高次倍音は減衰し，安定した発振が続く。吹き終わりは徐々に高次倍音から減衰する。この特性は，低域フィルタの通過帯域が時間とともに変化するとみることもできる。

これを電子回路で実現したものが VCF である。ある端子の電圧を上下させ

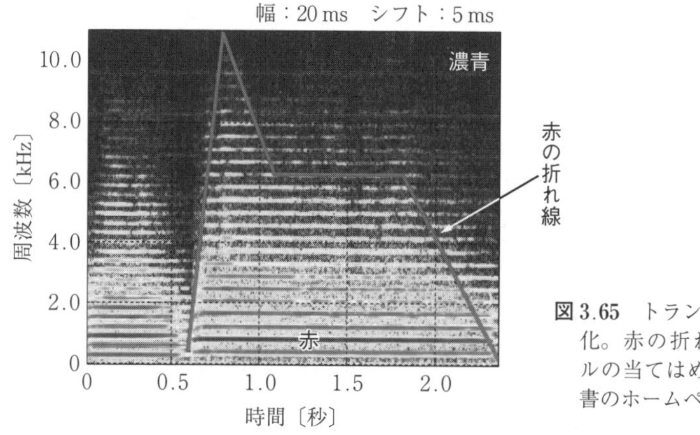

図 3.65　トランペットの倍音の変化。赤の折れ線が ADSR モデルの当てはめ。（実際の色は本書のホームページ参照）

ると，通過帯域が増減する。この帯域変化特性も**図 3.66** のように ADSR で近似できる。

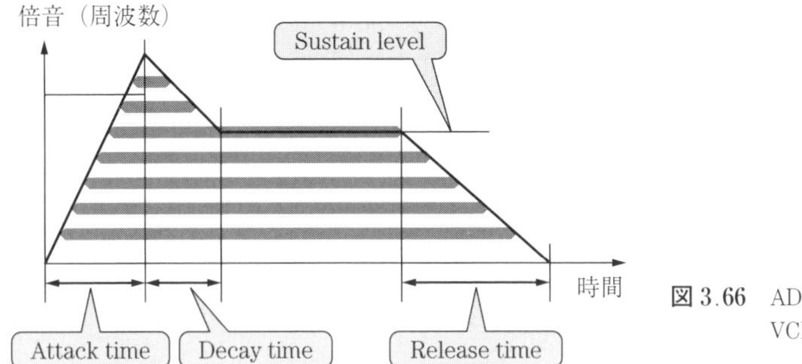

図 3.66　ADSR 形状による VCF の制御

3.7.6　RG

楽器には音量が大きい周波数帯域がある。これは一種の共振であり，帯域通過フィルタに対応する。本書では簡単にプログラムを作成するため，すべての周波数を通過させ，共振周波数において r 倍になるような共振特性の形状を，c 番目の倍音を中心に帯域幅（倍音数）b の共振特性として，下記の式により近似的に作成する。また，通常共振点を境に高域の周波数成分は減衰するので，式 (3.93) のバターワース型の低域フィルタを併用する。

$$R(n)=1+\frac{r-1}{\sqrt{1+\left(\frac{n-c}{b/2}\right)^2}} \tag{3.93}$$

$$L(n)=\frac{1}{\sqrt{1+\left(\frac{n}{c}\right)^4}} \tag{3.94}$$

3.7.7　LFO

低周波発振器（low frequency oscillator）は 5 ～ 20 Hz 程度の低周波を発生させる。制御する対象により，さまざまな効果が得られる（**表 3.7**）。

表 3.7　低周波発振器による効果

名称	制御変量	効　果
ビブラート	周波数	周期的な周波数の変化
トレモロ	振　幅	周期的な振幅の変化
グロウル	フィルタ	周期的な倍音構成の変化

3.7.8　シンセサイザのプログラム

Scilab を用いて楽器音合成を行う，簡単なシンセサイザの関数 syn.sci を作成する。

〈**プログラム 3.78 (S)**〉

```
function s = syn( f, w, da, dd, sl, n, r, c, b, dr , fs)
lr = round( dr * sf / n ) ;
t = 0 : 1/fs : 1 ;
vcf = 1 ./ ( 1 : n );
if w == 2 ; vcf( 2 : 2 : n ) = 0 ; end ;
vcf=vcf.*((r-1)*(sqrt(1+((1:n)-c).^2/(b^2))).^(-1)+1);
vcf = vcf .* sqrt( 1 + ( (1:n) / c ) .^ 4 ) .^ (-1);
la = round( da * sf ) ;
ld = round( dd * sf ) ;
lt = length(t) ;
vca=[(1:la)/la  (ld:-1:1)/ld*(1-sl)+sl sl*ones(1,lt-la-ld)];
s = zeros( 1 , lt ) ;
for i = 1 : n ;
   vcax=vca.*[(1:lr*(i-1)+1)/(lr*(i-1)+1) ones(1,lt-lr*(i-1)-1)];
   s = s+vcf(i) * (vcax.* sin(2 * %pi * f * i * t));end;
s = s / max( abs( s ) ) ;
```

関数に与える引数の意味は以下のとおりである。

f：発振周波数，w：VCO 波形種別，

da：attack time，dd：decay time，sl：sustain level，

n：倍音数，r：共振レベル，c：共振中心，b：共振帯域，

dr：vcf attack time

まず，時間刻みベクトルを生成する。lr は倍音番号に比例して倍音の立ち上がり時間を遅らせるサンプル数に当たる。

ここで倍音の大きさを表すベクトル VCO の設定について述べる。波形種別

では，方形波と鋸歯状波を生成することとし，ベクトル VCO において n 倍音の強さを $1/n$ として設定しておく。$w=1$ を鋸歯状波，$w=2$ を方形波とし，$w=2$ の場合は偶数倍音を 0 にする。

つぎに，以下により，b 倍音に r 倍の共振を与える 2 次のレゾナンス特性を乗算した後，c 倍音を遮断周波数とする 4 次のバターワース型低域フィルタの伝達関数を乗算する。

すべての倍音共通の音量変化のベクトル vca では，レリーズタイムは省略している。

波形を足し込むためのすべての値が 0 であるベクトル s を用意し，倍音数だけループを繰り返して，倍音波形を作成しては加算する。

vcf の機能は，倍音番号に応じてアタックタイムを遅らせた倍音の音量変化 vcax を作成することにより実現する。これに倍音強度 vca を乗算して倍音ごとの音量時間変化を生成する。

シンセサイザの各パラメータの設定例を**表 3.8** に示す。また，**図 3.67** ～**図 3.70** に各種楽器の倍音構成を示す。この倍音の比率を忠実にプログラムに組

表 3.8　シンセサイザの各パラメータの設定例

	パラメータ	弦	金管	木管
VCO	波　形	鋸波	鋸波	方形波
VCA	アタック時間〔sec〕	0.1	0.05	0.05
	減衰時間〔sec〕	0.05	0.2	0.4
	サステインレベル	0.6	0.7	0.9
	レリーズ時間〔sec〕	0.1	0.1	0.05
VCF	アタック時間〔sec〕	0	0.9	0.5
	減衰時間〔sec〕	0.05	0.1	0.2
	サスティンレベル	0.7	0.6	0.8
	レリーズ時間〔sec〕	0.05	0.05	0.05
RG	共振レベル	2	5	10
	共振倍音	6	2	3
	バンド幅	2	1	3
Cutoff	倍音数	20	8	8

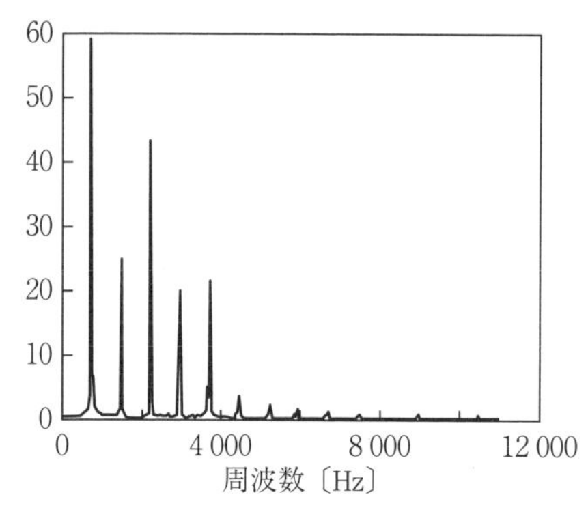

図 3.67　バイオリンの倍音構成

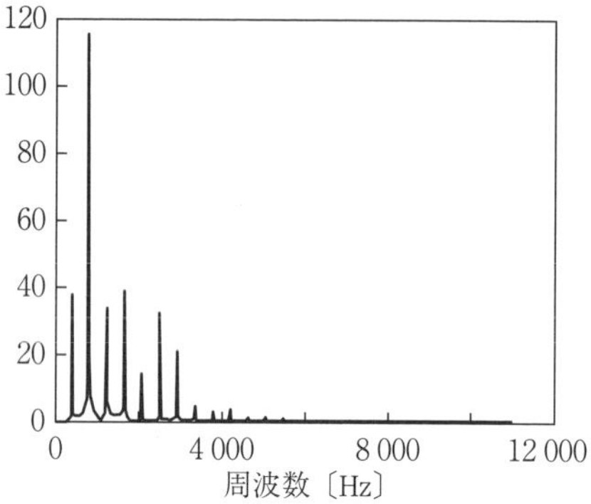

図 3.68　トランペットの倍音構成

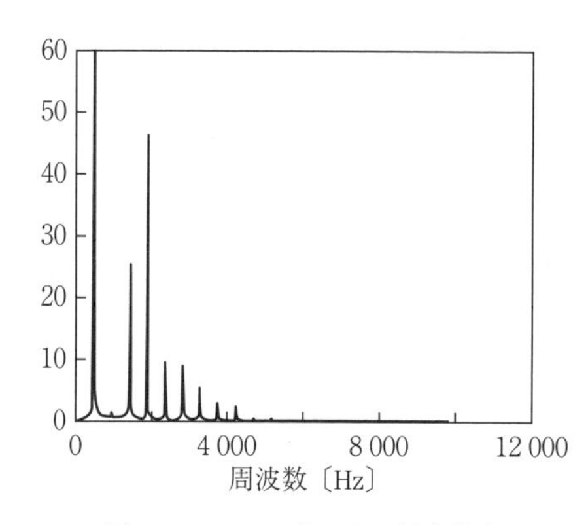

図 3.69　クラリネットの倍音構成

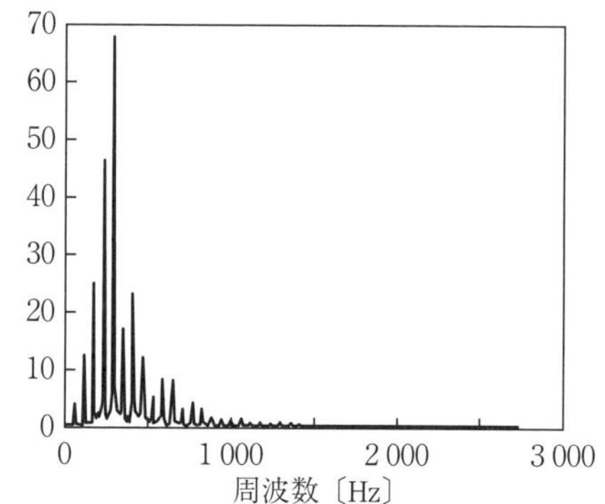

図 3.70　チューバの倍音構成

み込めば，より実際の楽器に近い合成音が得られる。

これらの設定で楽器音を発生させるには，以下のプログラムで試すことができる。なお，このプログラムは連続して実行せず，楽器ごとに個別に実行する必要がある。

〈**プログラム 3.79 (S)**〉

```
exec('syn.sci');
//バイオリン
sound(syn(440,1,0.1,0.05,0.6,20,2,6,2,0),22050);
//ホルン
sound(syn(440,1,0.05,0.2,0.7,8,5,2,1,0.9),22050);
//クラリネット
sound(syn(440,2,0.05,0.4,0.9,8,10,3,3,0.5),22050);
```

演 習 問 題

〔3.1〕 音波は球面上に広がり，音響エネルギーは球面上に一様に分布する。音源からの距離が1 m の地点と10 m の地点では，音圧レベルは何デシベル違うか答えなさい。

〔3.2〕 オイラーの公式を用いて，cos，sin を指数関数で表しなさい。

〔3.3〕 以下信号の z 変換を求めなさい。

$$x(n)=\begin{cases} 1 & (n=0) \\ 2 & (n=1) \\ 1 & (n=2) \\ 0 & (otherwise) \end{cases}$$

〔3.4〕 以下の信号 x とインパルス応答 $\boldsymbol{h}$ のコンボリューションを MATLAB または Scilab を用いて求めなさい。

$x=[3 \quad 2 \quad 1];$

$h=[1 \quad 2];$

〔3.5〕 隣接サンプルの差をとるフィルタの伝達関数の絶対値を，三角関数を用いて表しなさい。

〔3.6〕 インパルス応答 $\boldsymbol{h}$ が以下のようなフィルタの z 変換を求めなさい。さらに，極と零点を求めなさい。

$$h(n)=\begin{cases} 1 & (n=0) \\ \dfrac{1}{4} & (n=1) \\ \dfrac{5}{16} & (n=2) \\ 0 & (otherwise) \end{cases}$$

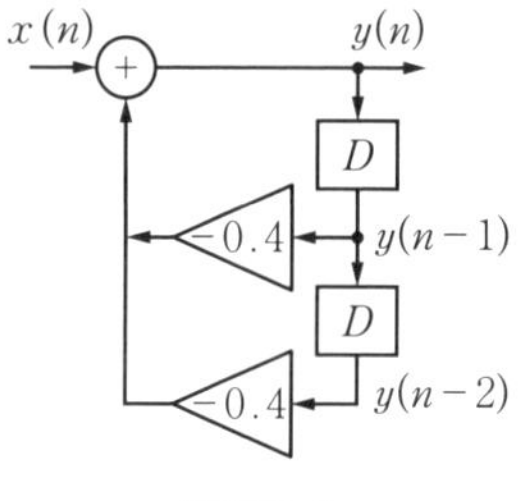

問図 3.1

〔3.7〕 零点が $z_z=-0.5\pm0.6j$ にあるフィルタのインパルス応答を求めなさい。

〔3.8〕 **問図**3.1 の IIR フィルタの極と零点を求めなさい。

〔3.9〕 以下の伝達関数を持つフィルタは安定か示しなさい。

$$H(z)=\frac{1}{1+2.4z^{-1}+1.6z^{-2}}$$

〔3.10〕 極の位置が $z_p=-0.9\pm0.1j$ である IIR フィルタのフィードバック係数を求めなさい。

さらに，50 サンプルまでのインパルス応答を Scilab のプログラムを作成して求めなさい。

〔3.11〕上記問題で，極と零点の位置をプロットするScilabのプログラムを作成し，極と零点のプロットを求めなさい。

〔3.12〕自己相関係数が $r_0=1$　$r_1=-0.5$　$r_2=-0.125$ のとき，Yule-Walker方程式を示し，線形予測係数を求めなさい。

〔3.13〕チューバの音を合成するには，シンセサイザの倍音数と共振倍音をどのように設定すればよいか示しなさい。

〔3.14〕カラーマップjetを用いて，128レベルのカラーマップを表示しなさい。

〔3.15〕プログラム3.58を用いて，以下の設定でエコーを生成しなさい。

音の長さ　`dt = 0.3` sec　　残響時間　`rt = 3` sec

反射音周期　`ri = 1` sec　　反射時減衰　`rd = 0.5`

反射音強度　距離依存

4章 ツールキットを活用した音声音響信号処理と機械学習の実践

◆本章のテーマ

音のデータから意味のある情報を取り出すための実践的なシステムの構築について述べる。近年では，こうしたシステムの構築を支援するさまざまなツールキットが公開されており，必ずしもすべてのコーディングを自ら行わなくてもよくなった。本章では，こうしたツールキットを正しく使えるようになるために必要な基礎知識を，信号の取得，前処理，機械学習といった目的別に詳しく述べる。

◆本章の構成（キーワード）

4.1　音響データ収集
　　録音装置，録音環境，公開データ，クロスバリデーション

4.2　音響分析と特徴抽出
　　波形編集ソフト，スペクトル分析，MFCC，韻律

4.3　音声認識
　　音響モデル，言語モデル，デコーダ

4.4　機械学習
　　サポートベクターマシン，ディープラーニング，混合ガウス分布

◆本章を学ぶと以下の内容をマスターできます

☞ 音のデータ収集の方法
☞ 分析目的に応じた音響特徴量は何か
☞ 音声認識ツールを使うときの注意点
☞ 機械学習の基礎知識と実践方法

4.1 音響データ収集

4.1.1 音のデータを集める

音のデータを分析すると，そこからさまざまな情報を取り出すことができる。人の声を分析して話している内容を推定したり（音声認識），誰が話しているかを推定したり（話者識別），話している人の感情を推定したり（感情認識）することができる。また，雑多な音が含まれる信号の中で，人の声が存在する部分だけを取り出したり（音声区間検出），音をさまざまなカテゴリーに分類したり（環境音識別）することもできる。

ここで挙げたさまざまな処理は，入力された音に前処理を施したうえであらかじめ学習しておいたモデルと照合し，入力に最もマッチするカテゴリーを選択するという意味で，どれも類似している。そしていくつかの前処理手法や照合手法に対しては，ツールキットの形でまとめられたソフトウェアがインターネット上に公開されており，それらを使うことで作業工数が大幅に削減できる。本節では，こうしたツールキットを活用した研究開発を行う際に必要となる基礎知識を整理するとともに，実践に際しての注意点なども併せて延べ，研究開発に役立ててもらうことを目指す。

はじめに録音から考えてみよう。音には**揮発性**と呼ばれる性質があり，マイクから入ってきた信号をプロセッサで処理してしまうと，後には痕跡が残らず，再現性のある実験を行うことができない。そこで想定される入力信号を一旦録音し，それを繰り返し再生しながら実験することが必要となる。本章で実践的な音の処理を学ぶに当たって，まずは録音の際に注意すべきことを確認していくことにする。

最初に考えるべきはマイクと**録音装置**である。マイクには，ダイナミックマイクやコンデンサマイクといった種類があり，値段や品質の面でもさまざまである。また録音装置としても，スマートフォンのアプリやICレコーダを使って簡単に録音する方法から，スタジオに設置した本格的な録音機材を使う方法まで，いろいろなものが考えられる。こうした機材の特性については本書では詳しく述べないので，オーディオ関連の情報を調べてみて欲しい。一方で，機材選定に当たっては，そもそも自分はなんのための録音をしようとしていて，そのために必要な条件はなんなのか，ということを十分に考えることが重要である。

例えば，音声合成システムを作るときの「素(もと)」となる声を録音する場合を考えてみる。この声は，なんらかの加工を加えたうえで最終的には大勢のユーザに何度も聞いてもらうことになる。商用のシステムであれば，数万人，数十万人に聞いてもらうこともあるだろう。こうした場合，高い費用をかけてでも，できる限り高品質の音を録る必要がある。

一方，うるさい環境での音声認識システムの性能評価を行う場合はどうだろうか。このとき使うデータは，当然のことながら雑音を含む音声でなければ意味がない†。また，特定の製品を念頭に置いた開発であるならば，音質の良い高価なマイクではなく，実際の製品で使われるはずのマイクを使って録音を行うべきである。

録音装置のほかに，**録音環境**にも注意が必要である。日常的に生活している環境の中で録音を行った場合，さまざまな環境雑音が混入するリスクがある。いつも聞きなれている雑音などは，知らぬ間に人間の意識から外れているものだが，一旦録音したデータを聞き直してみて，雑音の多さに驚くことも多い。

さらに注意が必要なのが部屋の残響で，例えば屋外で録った音と会議室で録った音とを聞き比べてみると，音響特性が大きく異なっている。録音用のスタジオなどは，防音設備を整え，外部からの雑音はほとんど入らないようになっているが，残響についてはむしろ意識的に残していることもある。雑音・残響のまったくない音を録りたい場合には，**無響室**と呼ばれる特殊な部屋での録音が必要となる。

---

† ただし，一旦きれいな音声を録音しておき，後でコンピュータ上で雑音混じりの音を合成するという方法もある。これについては後ほど述べる。

4.1.2 声のバリエーション

データを使った研究を行う際には，そのデータが現実世界の**多様性**を十分にカバーできていることが重要である。ここでは，代表的な音のデータである人間の声を例にとり，多様性をカバーするために注意しなければならないことを確認してみよう。

まず第一に，話者の多様性をカバーするために，多数の話者の声を録音する必要がある。これに反した場合，例えば音声認識システムの学習データの話者が不足すると，それらの話者と似ていない話者がシステムを使った際に，十分な性能が得られないおそれがある。また，音声認識システムの評価データの話者が不足すると，十分な性能が得られたと思って市場投入した製品が，実際には一部のユーザに対して十分な性能を示さないという可能性もある。

話者の人数は単に多ければよいというものではない。男性と女性の人数が程よくバランスしていることや，子供から老人まで，できるだけ幅広い年齢層を含んでいることも重要である。また，あまり訛(なま)りのない標準語話者を集めることは日本語についてはさほど難しくないが，多くの言語では，話者の母語や出身地についても注意が必要である。例えば，英語の音声認識システムを作る場合，アメリカ英語，イギリス英語，オーストラリア英語などは，それぞれ別の言語としてデータを集め，音響モデルを作るのが普通である。

話す内容についても注意が必要である。音声現象をもれなく解析できるようにするためには，話す内容がすべての音を含んでいることが望ましい。ここで「すべての音」と言ったときに，例えば日本語であれば「50音と濁音・半濁音すべて」と考えがちであるが，これだけでは不十分である。言葉を発声する際には，**調音結合**と呼ばれる現象が起こり，前後の音がつながることによって音の変形が生じる。そのため，前後にどんな音があるかも含めて，多様な発音のバリエーションをカバーすることが必要である。

英語の発音記号に近い分類要素である**音素**を単位として考えた場合，日本語にはだいたい40種類程度の音素が存在するが，前後の音素まで考えた三つ組（**トライフォン**と呼ばれる）の種類は，40×40×40＝64 000種類となり，これをすべて含むような発話内容を考えることはさすがに難しい。実際には，これらのトライフォンの実社会における出現頻度を考え，よく使われるものをカバーするような発話内容を設計して録音を行うことが多い。

そのほかに，いわゆる「**読み上げ音声**」と「**話し言葉**」の違いもある。あらかじめ発話内容を決めておいて録音を行う場合，発話内容を示した紙などを話者に渡してそれを読んでもらうというスタイルになるが，こうして得られた声は，話者が自発的に話した場合の声とはかなり性質が異なることが知られている。したがって，実際に自分がやろうとしている研究がどちらを対象にしたものであるか，十分に事前検討をしておくことが望ましい。

4.1.3 音のデータを作る

実験で用いる音のデータは，実際に存在する音を録音してそろえることが基本であるが，多様なデータを数多くそろえる必要がある場合，録音を繰り返すのも容易ではない。そのような場合に，コンピュータによる加工処理により手持ちのデータにバリエーションを持たせて，見掛けのデータ量を増やすことがある。

典型的な例は雑音の**重畳**（ちょうじょう）である。例えば前項で述べたように，十分なバリエーションを持つ声のデータをそろえたとしても，これらの発話が「どのような環境で行われたか」について，さらにバリエーションを加えるためには，非常に多くの工数が必要となる。単純に，10 種類の環境でのデータをそろえるだけでも 10 倍の時間をかけた録音が必要になるとすれば，その負担はきわめて大きい。

これに対し，音の加法性に着目すると，別々に録音した声と雑音とをコンピュータ上で足し合わせるという方法が考えられる。音の波形の振幅に対して加法性が成り立つので，PCM 形式のデータであれば各サンプルの値を単純に足し算すればよい。この方法であれば声の録音は 1 回だけで済み，これに必要な種類の雑音の録音を加えればよくなる。

また，足し算の前に音量の増幅を入れておくことにより，声と雑音の強度比いわゆる**SN比**を自由にコントロールすることができる。他の条件がすべてそろっていて単にSN比だけが異なるデータを用意できるようになれば，扱っている現象とSN比との関係を厳密に調べることができるというメリットがある。

声と雑音の重畳に対して，一つ注意しなければならないことがある。人間が話をする場合に，静かな条件下と騒がしい条件下とでは，単に声の大きさが変わるだけでなく，声の質にも変化があると言われている。この現象は**ロンバード効果**と呼ばれており，その現われ方には個人差がある。最初から雑音を重畳する目的で声を録音する場合には，話者にヘッドホンを着用させ，大きな音が鳴っている状態で話してもらった声を録音するというケースもある。

コンピュータ上での音の加工では，上述の雑音重畳に加えて，音の伝達特性の畳み込みを行う場合もある。特定の部屋や録音機器が持つ音の伝達特性は，**インパルス応答**という形で事前に測定しておくことができる。原音に近い音質で録音しておいたデータに対し，このインパルス応答を使った畳み込み演算を行うことによって，対象の部屋や録音機器を使って録音した場合の音質を模擬することができる。また，インパルス応答の畳み込みと雑音重畳とを合わせて行うことも可能であり，これによりかなり現実に近い音をコンピュータ上で合成することができる。

4.1.4　公開データを活用する

営利企業においては，データは利益の源泉であり，自社内のみで使用するのが一般的である。一方，大学や公的研究機関においては，社会的使命を果たすことや，研究結果の相互比較を容易にすることなどを目的として，データの公開を行うことも多い。独自のデータを集めることと並行して，こうした**公開データ**を活用することにより研究を加速することが可能になるだろう。

日本では，音声資源コンソーシアム†が音声を中心とした公開データの情報を収集・整理して公開している。ほとんどのデータは，研究目的であれば無償

† http://research.nii.ac.jp/src/（以下URLは2017年1月現在）

もしくは安価にて利用が可能である。そのほか，音声認識研究などでよく使われる日本語話し言葉コーパス（Corpus of Spontaneous Japanese，CSJ）などを配布している国立国語研究所[†1]や，ATR[†2]，ALAGIN[†3]などもデータ公開を行っている。また，米国ではLinguistic Data Consortium（LDC）[†4]，欧州ではEuropean Language Resource Association（ELRA）[†5]が，こうしたデータの公開を行ってきた。LDCやELRAのデータは有償のものが多いが，この他に，無償データの情報を集めたOpenSLR[†6]のようなサイトもある。

音楽や効果音などのデータは，研究用よりも，むしろ各種のコンテンツ制作用に公開されているものが多い。YouTubeなどの動画公開サイトにアップロードされているデータは権利が保持されているものが多いため，研究用途であっても使用には注意が必要だが，より使いやすいクリエイティブ・コモンズのライセンスの音データを集めた，Freesound[†7]のようなサイトもあり，さまざまなデータが入手可能である。

4.1.5 A-D変換とファイルフォーマット

コンピュータで処理することを前提とした録音の場合，その場でディジタル形式に変換して保存するのが普通であろう。その際，どのような形式で保存するかについても注意が必要である。

音のデータのディジタル化（A-D変換）では，サンプリング周波数と量子化ビット数が重要になる。1秒間に何個のサンプルを観測するかを表す**サンプリング周波数**は，CDなどで使われる44.1 kHzのほかに，48 kHz，16 kHz，8 kHzなどが代表的である。サンプリング周波数が大きくなるほど高い周波数の音まで表現できるようになるが，人間の**可聴域**の上限は20 kHz程度と言われ

---

†1 http://www.ninjal.ac.jp/database/
†2 http://www.atr-p.com/products/sdb.html
†3 https://alaginrc.nict.go.jp/resources.html
†4 https://www.ldc.upenn.edu/
†5 http://www.elra.info/
†6 http://www.openslr.org/
†7 https://www.freesound.org/

ており，これに対応するサンプリング周波数である 40 kHz を超えると，音質への寄与は少ないと思われる[†]。

1 個のサンプルの振幅を何桁の 2 進数で表すかを示す**量子化ビット数**は，標準的に使われる 16 ビットのほかに，8 ビットや 24 ビットなどの例もある。量子化ビット数は，最大音量と最小音量の比率として表される**ダイナミックレンジ**の大きさに対応している。人間の聴覚のダイナミックレンジは 120 dB 程度と言われており，これを表現するには 20 ビット以上が必要となる。このほかに，モノラル（マイク一つ），ステレオ（マイク二つ）など，使用するマイクの数も決めなければならない。

最も多く用いられる録音形式は，CD 音質と呼ばれる 44.1 kHz/16 ビット/ステレオの組合せであろう。DVD の場合サンプリング周波数が 48 kHz になるが，CD との差はわずかである。最近では，サンプリング周波数もしくは量子化ビット数のいずれかにおいて DVD 音質を上回るものを，**ハイレゾ音源**（high-resolution sound source）と呼び，音楽鑑賞の高品質化などを目的として使われるケースも増えている。

前述のとおり，48 kHz を上回るサンプリング周波数で表現される音は人間の可聴域を超えており，また 100 dB を超えるようなダイナミックレンジを実際に鑑賞できるような環境はほとんど存在しないが，これらの要因が間接的に音質に影響する種々の可能性も示唆されており，必ずしもハイレゾ録音に意味がないということにはならない。

サンプリング周波数・量子化ビット数・マイク数については，高いものから低いものへの変換により音質が劣化するが，逆変換をしても元の音質が再現できるわけではない。例えば，サンプリング周波数 44.1 kHz で録音した音をサンプリング周波数 16 kHz に変換する（このような変換を**ダウンサンプリング**と呼ぶ）場合，8 kHz 以下の周波数成分はそのまま保たれるが，8 kHz 以上の成分はすべて失われる。そのため，この音を再び 44.1 kHz に変換（この場合

† ただし，可聴域を超える成分のうなりの効果などにより可聴域への影響が出ることもあると言われており，まったく寄与がないわけではない。

は**アップサンプリング**と呼ばれる）しても，得られた音は8 kHz以上の成分を含まないことになってしまう。量子化ビット数についても似たような法則が成り立つし，マイク数については，不要なマイクの信号を捨ててしまえば，後から復活させることはできない。

このような観点から，データを保存する媒体の容量に問題がない限りデータはなるべく高品質のままで保存しておき，必要に応じて低品質の音を作って使用することが望ましいと考えられる。とはいえ，保存のためのハードディスクなども無限にあるわけはないので，将来にわたって絶対に高品質のデータが必要にならないと断言できる場合には，低品質に変換したデータ（変換によってデータサイズが小さくなる）を保存するという手段も考えられる。

最後に，データのフォーマットについても触れておく。サンプリングした音圧をそのまま数値として保存していく方式としては，**PCM**と呼ばれるフォーマットが用いられる。これは，ファイルを先頭から見ていったときに，各サンプルの振幅がそのままバイナリの数値として並んでいる方式である。この形式のファイルは，“.raw”とか“.pcm”といった拡張子で表されることが多い。PCMフォーマットのデータの先頭に，ファイルサイズやサンプリング条件などを記述したヘッダを追加した**WAV形式**もよく用いられる。WAV形式はPCM以外のデータにWAVヘッダを付加して作ることも可能だが，実際に流通しているWAVファイルのほとんどは，PCMフォーマットにヘッダを付加したものである。

一方，近年ではmp3方式に代表される圧縮方式が多用されており，これによりデータサイズを10分の1程度に減らすことが可能である。しかし，これらは**非可逆圧縮**と呼ばれる方式であり，一度圧縮したデータを再度圧縮前のデータに戻したとしても元のデータと完全に同じものにはならない。そのため，研究開発などの目的で使うのであれば，なるべくこのような圧縮は用いない方がよいだろう。一方，flac方式などに代表される**可逆圧縮**方式も提案されており，これらは圧縮率こそ劣るものの再変換により元のデータを完全に再現できることから，高度な分析を行う場合でも使用可能である。

4.1.6　学習データと評価データ

研究におけるデータの使い方は，大きく二つに分けられる。一つは，機械学習などの方式を使って，データをもとになんらかのシステムを作るケースである。こうした目的で使われるデータを**学習データ**と呼ぶ。例えば音声認識システムは，音素のラベルが付いた学習データから各音素の発音を表す**音響モデル**を作り，実際に認識を実行する際には入力音声を音響モデルと比較照合して認識結果を得る。

一方，なんらかのシステムを作った後ではそのシステムの性能を確認するための評価実験を行う必要があり，そのために使用するデータを**評価データ**と呼ぶ。音声認識システムの例でいえば，実際に1 000個の単語を認識させてみて，そのうち975個が正しく認識されたら「認識率97.5%」というように用いる。

データからの学習を行う場合，学習データそのものに対する判定を間違えることはあまりない。これは機械も人間も同じである。一方で，学習ということの本質的な問題は，未知のデータに対しても正しい答を出すことができるかどうかである。これを確かめるためには，学習データと評価データとがまったく別のものであることが必要である。一般に，学習データに含まれるデータを評価データとして使った場合を**クローズド評価**といい，完全に異なるデータを使う場合を**オープン評価**という。前述のとおり，クローズド評価で得られた性能はあくまでも参考値に過ぎず，実際の性能予測としての信頼性は低い。

データそのものがオープンであるかクローズドであるかだけではなく，データの持つなんらかの特性に対しオープンかクローズドかが問われることもある。例えば，音声認識システムで用いる音響モデルは，学習データに含まれる話者の声の特性についてはよく表現しているだろうが，それ以外の話者については学習が不十分であるかもしれない。**特定話者システム**と呼ばれる，あらかじめ登録した話者の声だけを認識するシステムであればそれでもよいかもしれないが，近年幅広く使われている**不特定話者システム**では，学習データに含まれない話者の声を正しく認識できるかどうかということが評価においても重要となる。

つまり，話者に関してオープンな評価を行う必要があるということである。このほか，発話内容に対してオープンであるかどうか，背景雑音に対してオープンであるかどうかなど，さまざまな条件に対してつねに意識を高めておくべきである。

とはいえ，学習データと評価データを別々に用意するということは，その分だけデータ収集のコストが増してしまうことを意味する。実際にかけられるコストが限られている場合，なるべく効率的にデータを収集し，なおかつオープンな評価を行うことはできないだろうか。そのような目的で行う実験方法として，**クロスバリデーション**と呼ばれるやり方が知られている。

図 4.1 に，クロスバリデーションの概念図を示す。クロスバリデーションを行う際には，集めたデータをすべて「学習データ兼評価データ」として蓄積したうえで，それらをたがいにオープンになるような複数のサブセットに分割する。

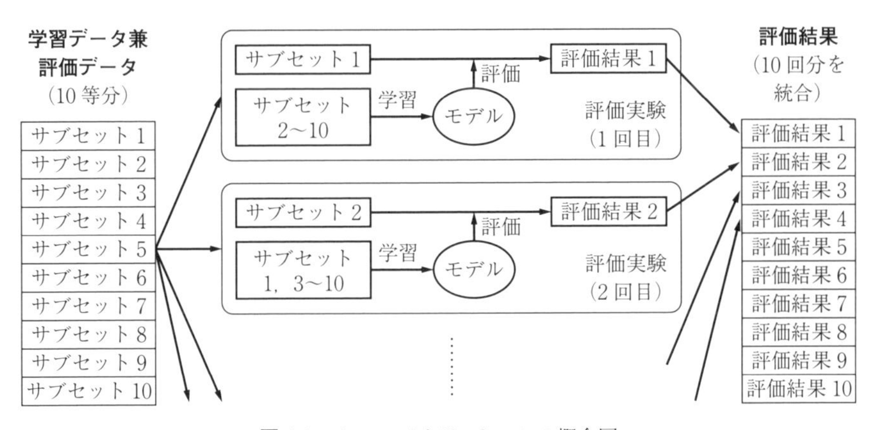

図 4.1 クロスバリデーションの概念図

図では，10 個のサブセットに分けた例を示してある。つぎに，1 番目のサブセットだけを評価データとして取り分けておき，残りのデータを使ってモデルを学習する。最後に，得られたモデルの性能を取り分けておいた評価データを使って評価し，結果を保存しておく。ここまでを1回目の実験とすると，つぎに2番目のサブセットだけを取り分けておいて，同じように2回目の実験を行う。

これを10回目の実験まで繰り返すと，全データ数と同じ数だけの評価結果が得られることになる。もちろん，1回目から10回目までの実験で用いたモデルは異なっているが，同じ学習アルゴリズムを使って学習データだけが異なるという条件のモデルであるならば，こうして得られた全評価結果を見て，アルゴリズムそのものの良し悪しを判定することができる。

クロスバリデーションの分割サイズについては，例えば話者に対してもオープンな評価をしたい場合には，話者数以上には分けられないなど，上限が存在する。一方，そうした条件を考えなくてもよい場合には，データ数と同じ数のサブセットにまで分割することも原理的には可能である。

もっとも，10分割の場合でも各モデルの学習には90%のデータを使うことが可能であり，これを100分割にして99%のデータを使ったとしても，使えるデータサイズは1割増にすぎない。まして1 000分割，10 000分割と増やしていっても使えるデータサイズはほとんど変らず，一方でモデル学習を繰り返すために必要な計算時間は増大していってしまうため，10～100分割程度にしておくのが多くの場合には実用的な方針といえるだろう。

4.2 音響分析と特徴抽出

4.2.1 音響分析

大量のデータを使った分析や学習は，プログラミング言語を使った繰り返し処理を行う必要があることから，GUI（graphical user interface）ではなくCUI（character user interface）に基づくプログラムを使用するのが主流である。しかしデータ収集や分析の途中では，実験が順調に進んでいるかどうかを確認するため，少量のデータを詳しく調べてみたいという場合もあるだろう。そのような場合には，GUIベースのツールを用いるのがよいと思われる。

音のデータを分析するための代表的な GUI ツールとして，Audacity† が知られている。Audacity はオープンソースの**波形編集ソフト**で，波形やスペクトログラムの表示，**アップサンプリング**や**ダウンサンプリング**，**エコー**や**リバーブ**，**増幅**，**フェードイン**，**フェードアウト**など，音響データを扱うに当たって必要となる基本的操作のほとんどをカバーしている。操作方法も直観的で，録音したデータをマウス操作で切り貼りしたり，さまざまなエフェクトを試してみたりするという場合には，初心者でも簡単に使うことができるだろう（**図 4.2**）。

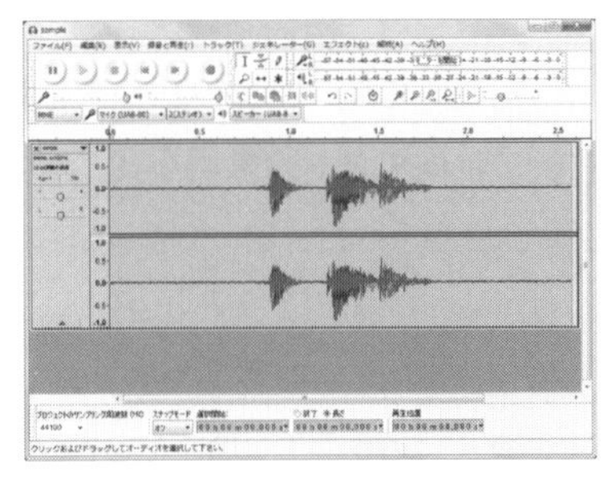

（a）Audacity

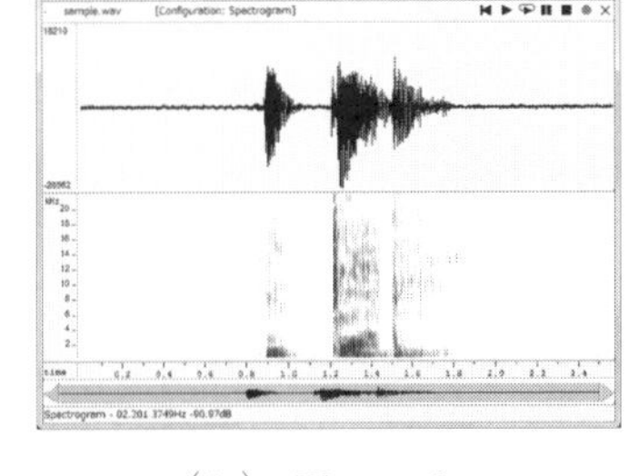

（b）Wavesurfer

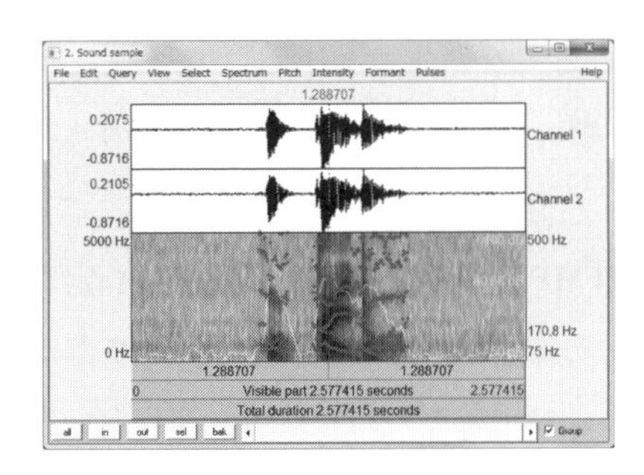

（c）Praat

図 4.2　音響分析 GUI ツールの例（本書のホームページ参照）

収集したデータに対し，なんらかの処理を加えてから実験を行いたい場合，Audacity のような GUI ツールでテストを行ってみて問題がなさそうなら，CUI

† https://sourceforge.net/projects/audacity/

ベースのツールでデータ全体に対して実行するというのが，効率的な方法である。CUIのツールとしては，例えばSox[†1]などが挙げられる。

Audacityと似たような機能を持つソフトとして，Wavesurfer[†2]もよく使われる。Wavesurferでは，波形表示に合わせて時間軸上でのトランスクリプション付与が可能であるため，「何分何秒のところで何という発話がなされた」といった細かい情報を付与する作業に適している。音声認識・合成のための発話内容付与や，音響イベント抽出のためのイベントタイミング付与などを行うには，最適なツールだといえよう。

このほかに，音声研究者の間でよく使われるツールとしてPraat[†3]がある。Praatは，スクリプトを使った高度な処理を想定した設計のため初心者にはやや使いにくいところもあるが，基本周波数やフォルマントの処理など，音声分析の機能は充実している。

4.2.2　スペクトル分析

音の波形は情報としては冗長であり，そのままでは高度な分析は難しい[†4]。そのため，より抽象度の高い特徴量の抽出が必要となる。その代表的なものがスペクトル情報であろう。スペクトルとは，ある瞬間（実際には10 msとか20 msなどの有限だが短い時間）の音を周波数ごとの強度の形に書き換えたものである。例えば，プッシュ式電話の信号音として使われる**Dual-tone multi-frequency**（**DTMF**）信号などは，あらかじめ定められた周波数の成分を持っているかどうかを調べれば，どの信号が鳴らされたかを簡単に判別することができる。また，より抽象度の高い特徴量を得たい場合にも，最初に波形からスペクトルへの変換が必要になることが多い。

---

† 1　http://sox.sourceforge.net/
† 2　https://sourceforge.net/projects/wavesurfer/
† 3　http://www.fon.hum.uva.nl/praat/
† 4　とはいえ近年のディープラーニングの発展により波形そのものを入力として高度な機械学習を行うことも可能になりつつある。しかしデータ量やハードウェア性能に制約がある場合などには，やはり事前の特徴抽出が重要であることに変わりはない。

スペクトルへの変換には，**高速フーリエ変換**（FFT）と呼ばれるアルゴリズムが用いられる。アルゴリズムの詳細はここでは述べないが，フーリエ変換の定義式をそのまま実装するよりも格段に高速な実行が可能になることが知られている。また，FFTにより得られるのは振幅と位相とを持つ複素スペクトルであるが，多くの場合，振幅スペクトルもしくはそれを2乗したパワースペクトルのみが用いられる。

FFTを実行する際には，最初に波形を離散的な**フレーム**に分割する。その際，フレーム幅，フレームシフト（隣接するフレームの始端と始端の間隔），使用する窓関数の種類（矩形窓，ハミング窓など）の設定が重要である。人間の声を扱う場合，20 ms程度の時間であれば音が定常的であるとみなせることが多く，そうした値をフレーム幅とすることが多い。フレームシフトは10 ms程度とすることが多く，その場合には隣接するフレームがちょうど半分ずつ重なり合うことになる。窓関数としては，ハミング窓やハニング窓が使われることが多い。

実際には，自ら実装しなくてもFFTを行うことはできる。前項で紹介したSoxにも簡単なFFT機能があるし，4.2.5項で扱うOpenSMILEを使えば，より細かい設定とともにFFTを行うことができる。また，プログラミング言語Pythonでよく使われるライブラリであるNumPyやSciPyにも，FFTが含まれている。こうした機能と自作のスクリプトの組合せを活用することにより，大量のデータから効率的にスペクトル特徴量を得ることができるようになるだろう。

4.2.3 MFCC

音声認識でよく用いられる特徴量に，**MFCC**（mel-frequency cepstral coefficient：**メルケプストラム係数**）がある。MFCCは，フレーム単位のスペクトラムをもとに，人間の知覚を表現したメル尺度を用いて周波数軸を補正し，20～40個程度のフィルタバンクを使って帯域ごとのパワーを求め，対数化し，その結果をさらに離散コサイン変換することで，パワースペクトルの概形を表す 10 ～ 15 個程度のパラメータを得る。離散コサイン変換の次数に対応して，MFCC の値も「1 次」「2 次」というように呼ばれるが，それらがどのようなスペクトルの特徴を表しているのかを，**図 4.3** に示す。

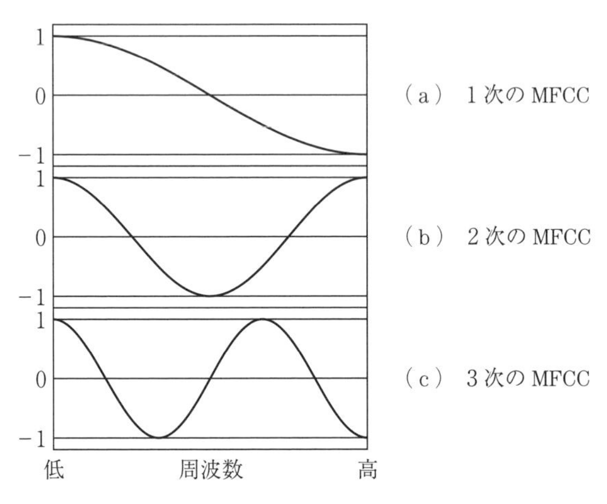

図 4.3　MFCC で表されるスペクトルの特徴

例えば，1 次の MFCC は，低域が強く高域が弱い図（a）のようなスペクトルにどれくらい似ているかを表す値である。対象となる帯域の上限・下限は，フィルタバンク設計時に決められる。また，図の横軸に示される周波数はメル尺度により補正されたものである。同じように，2 次の MFCC は図（b）の形にどれくらい似ているかを表し，以下同様に，n 次の MFCC は $\cos(n\pi)$ の形にどれくらい似ているかを表す。また，それらを拡張した値として，全帯域のパワーを均等に加算した値が，0 次の MFCC 係数として用いられる場合もある。

MFCC はフレームごとに得られる特徴量であるが，さらにその時間変化を表すため，時間微分（ΔMFCC）や 2 階時間微分（ΔΔMFCC）を併用することが多い。時間微分の計算に当たっては，前後数フレームの値を使って差分の形で表現する。最も簡単な定義式は

$$\Delta c_t = c_{t+1} - c_{t-1} \tag{4.1}$$

$$\Delta\Delta c_t = \Delta c_{t+1} - \Delta c_{t-1} = c_{t+2} - 2c_t + c_{t-2} \tag{4.2}$$

というものだが，もう少し遠くのフレームまで含めることによってスムーズ化された値を用いることもある。

MFCC の計算も後述の OpenSMILE で実行可能だが，そのほかに，音声認識用のツールキットの一部として MFCC を抽出することが可能なものも多い。HTK や Sphinx，Kaldi などにも特徴抽出専用のプログラムが含まれているので，音声認識を行わない場合であっても，MFCC の抽出のためにこうしたツールをインストールしてみるという選択肢もあるだろう。

4.2.4 韻律特徴量

韻律とは，言葉の抑揚（イントネーション）やリズムなど，文字としては表されない音声学的特徴のことである。音声認識が声を文字に変換する機能であることから，音声認識には韻律の分析は不要である，もしくは寄与度が低いと考えられてきたが，音声認識以外の応用では，MFCC などで表される音韻性よりもむしろ韻律の方が重要である場合も多い。

代表的な応用が，音声からの感情認識である。例えば，同じ「はい」という発話であっても，高低や強弱の変化により，肯定や否定，あるいは疑問といった異なるニュアンスを伝えることができる。また，中国語やタイ語などの「**声調言語**」と呼ばれる言語では，音節内の音の高さの変化により異なる意味が付与されるため，音声認識にも韻律特徴量が必要だと考えられている。日本語でも，「橋」と「箸」のように抑揚によって意味が変わる単語は多く，こうした同音異義語の区別には韻律特徴量が不可欠である。

ほとんどの韻律特徴量は，各フレームに対するパワーと基本周波数とが推定されていれば，それを使って求めることができる。パワーは音の振幅の 2 乗和で求めることができるが，A-D 変換時に混入する直流成分の影響を除くため，フレーム内の全サンプルの平均値を引いてからパワー計算をする方がよい。

さらに，人間の聴覚特性を反映したパワーを求めるためには，一旦 FFT を行った後に，**A 特性フィルタ**と呼ばれる周波数ごとの重みを掛け，それから総和をとる必要がある。特に，雑音との音量比を求める場合などには，A 特性フィルタを使うことにより，聴覚への影響の少ない低音域や高音域の影響を正しく見積もることができるようになる。

基本周波数は，スペクトルに一定間隔で現れるピークの間隔を表す値であり，一般に「音の高さ」として感じられるものである。スペクトルを眺めたときにピークになっている周波数を表す**フォルマント**と，混同しないよう注意されたい。スペクトルが一定の周波数間隔で強くなっていることを**調波構造**といい，調波構造の程度そのものを特徴量として用いることもある。また調波構造を持たない音に対しては，基本周波数を定義することができない。人間の声でいうと，s や t，k，p などの無声子音が，調波構造を持たない音の例である。

基本周波数の推定には，自己相関法やケプストラム法などのアルゴリズムが知られている。音質が良い場合には手法による差はそれほど出ないが，雑音環境下での推定精度にはそれぞれ得手不得手がある。

フレーム単位でのパワーや基本周波数が推定できたら，それをもとに発話全体を単位とした特徴量を求めることも多い。代表的な特徴量としては，パワーや基本周波数の平均や標準偏差，発話全体の中のどのあたりで最高値をとるか，発話全体を直線近似した場合の傾きや y 切片の値などがある。基本周波数に関しては，調波構造を持つ区間（有声区間）が全体に占める割合も，重要な特徴量の一つである。

一方，フレーム単位での特徴量として，スペクトル重心やスペクトルバンド幅（周波数軸での標準偏差），スペクトラルエントロピーといった値が用いられることもある。以下に，フレーム単位でのスペクトル特徴量の定義式を挙げておく（上から順に，パワー，A 特性パワー，スペクトル重心，スペクトルバンド幅，スペクトラルエントロピー）。

$$P(t)=\sum_{k=1}^{N}\left|X_k(t)\right|^2 \tag{4.3}$$

$$P_A(t)=\sum_{k=1}^{N}W_k\left|X_k(t)\right|^2 \tag{4.4}$$

$$S_C(t)=\frac{\sum_{k=1}^{N} k\left|X_k(t)\right|^2}{P(t)} \tag{4.5}$$

$$S_B(t)=\sqrt{\frac{\sum_{k=1}^{N}\left(k-S_C(t)\right)^2\left|X_k(t)\right|^2}{P(t)}} \tag{4.6}$$

$$S_E(t)=-\sum_{k=1}^{N}\frac{\left|X_k(t)\right|^2}{P(t)}\log\frac{\left|X_k(t)\right|^2}{P(t)} \tag{4.7}$$

ただし，N は FFT で得られた周波数成分の数，$X_k(t)$ は時刻 t における k 番目の周波数成分の振幅，W_k は k 番目の周波数に対応する A 特性フィルタの値である。

4.2.5 OpenSMILE

ここで，これまでにも随所で触れた OpenSMILE† について詳しく述べておくことにする。OpenSMILE[4) は，音声や音楽からの特徴抽出のためのオープンソースソフトウェアである。豊富な種類の特徴量をサポートしており，例えば "The large openSMILE emotion freature set" として配布されている設定ファイルでは，一つの入力データに対し，じつに 6 552 次元の特徴量が出力されるようになっている。

ここで注意すべきは，この 6 552 次元の特徴量がフレーム単位で得られた特徴量を連結して出力しているのではなく，入力データ全体を分析した結果としての特徴量であるということである。すなわち，短いデータでも長いデータでも，同じように 6 552 次元の特徴量が計算されるわけである。

このような大規模な特徴量が得られるのは，openSMILE が，low-level discriptor（LLD）と呼ばれるフレーム単位の特徴量と，個々の LLD をデータ全体に亘って分析することによって得られる，Functional と呼ばれる特徴量の組合せで特徴抽出を行うことができるためである。上記の 6 552 次元の特徴量

† http://audeering.com/research/opensmile/

も，168次元のLLD[†]に対して39種類のFunctionalを適用した結果として得られたものである。

OpenSMILEではさまざまな特徴量の組合せがテンプレートとして用意されているが，もちろんそれ以外に自分でオリジナルの特徴量を定義することも可能である。confファイルと呼ばれる設定ファイルに，フレーム化や窓掛け，FFTなどさまざまな処理の流れを記述できる仕組みとなっている。また，Functionalを使わずにフレーム単位の特徴量を出力させることもできるので，単純なFFT処理やMFCCの計算などのためのツールとして用いることもできる。

OpenSMILEの入力は，Windowsでよく使われるWAV形式や，ヘッダを持たないraw pcm形式などを用いることができる。出力に関しては，特徴量をカンマ区切りで単純に並べただけのcsv形式のほかに，後述する機械学習ツールWekaの入力として使用可能なarff形式も選ぶことができる。

4.3　音　声　認　識

4.3.1　音声認識システムの構成

コンピュータによる自動音声認識は，音響メディア処理の代表的な応用例の一つであるが，複雑な構成をしており，その全貌を限られた紙面で十分に説明することは難しい。個々のアルゴリズムの詳細については専門の書籍に譲るとして，本書では全体としての動作原理と，その中でさまざまなツールがどのような役割を果たしているのかについてを述べる。

図4.4は，音声認識システムのおおまかな構成図である。マイクから取り込まれた音声データは，音声区間検出モジュールで不要部分と認識対象部分とに切り分けられ，認識対象部分だけが後続のモジュールに送られる。特徴抽出モジュールでは，音声データがMFCCなどの特徴量に変換され，さらに後続の

† より細かくいうと，56次元のオリジナルの特徴量と，おのおのの1階時間微分および2階時間微分の組合せで，全168次元となる。

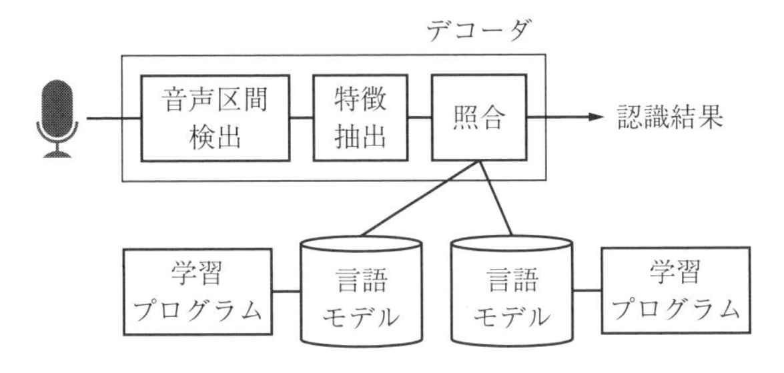

図 4.4　音声認識システムの構成図

モジュールに送られる。照合モジュールでは，送られてきた特徴量をあらかじめ用意してあった**音響モデル**や**言語モデル**と照合し，その結果に基づいて最適な単語の組合せを認識結果として出力する。

ここで音響モデルとは，声を細かく切り分けていったときの最小単位である音素について，それぞれどのような音響的特徴を持っているかを表すパラメータの集合体である。そうしたパラメータを得るために，あらかじめ音素ごとのラベリングがしてある音声データを大量に用意し，学習プログラムを用いてモデル化する。一方，言語モデルとは，ある言語で使われる単語がどのような音素の並びとして定義されるか，そしてそれぞれの単語が相互にどのようなつながりやすさを持っているかを，やはり大量のデータから学習しモデル化したものである†。

これらの学習プロセスは，認識実行プロセスとは切り離して事前に行っておくものであり，そのため，認識プログラムを搭載する機器には学習プログラムを搭載する必要はない。機器に搭載するのは，音声区間検出・特徴抽出・照合を行うプログラムと，音響モデルおよび言語モデルである。このプログラム部分は，認識対象言語とは独立に開発することが可能であり，**デコーダ**と呼ばれる。多言語音声認識システムで，特定のデコーダがさまざまな言語の音響モデル・言語モデルと組み合わせて使用されることも多い。

---

† 前者を「辞書」として「言語モデル」とは別に扱う文献もあるが，ここでは両者を合わせて「言語モデル」と呼ぶ。

4.3.2 音声認識のツール

コンピュータ上で音声認識を行うプログラムとしては，1990年代ぐらいからいくつかの市販ソフトが知られていた。一方，研究者向けには，HTK[†1]やSphinx[†2]などが幅広く使われていた。これらはオープンソースであり，研究者が自分の用途に合わせてチューニングを行える一方，ほとんど手を入れずにそのまま音声認識実験を行うことも可能であった。

日本国内では，1990年代から開発が行われているJulius[†3]の認知度が高く，幅広く使われている。日本語のドキュメントが充実しており，参考にできる論文も多い。Juliusはデコーダ部分に特化したツールであり，別途用意した音響モデルや言語モデルと併せて使用する必要があるが，HTKなどで学習したモデルの使用が可能であり，また標準モデルとしてJuliusのウェブサイトで配布されているモデルも存在する。

これらのほかに，最近ではKaldi[†4]も幅広く使われている。音響モデルの性能を大きく引き上げる技術として注目されている**ディープラーニング**の発展と時を同じくして開発が進められてきたため，自然な形でディープラーニングを取り込んでおり，高い性能を得ることができる。

4.4 機械学習

4.4.1 多変量解析による自動分類

ビッグデータという言葉がよく聞かれるようになり，データに基づく機械学習の仕組みに注目が集まっている。本節では，機械学習のさまざまな応用の中でも分類というタスクに注目する。多数のデータに対し，特徴抽出により得られた複数の特徴量とそのデータが属するカテゴリーとがわかっているとき，そ

† 1　http://htk.eng.cam.ac.uk/
† 2　http://cmusphinx.sourceforge.net/
† 3　http://julius.osdn.jp/
† 4　http://kaldi-asr.org/

こから一定の法則性を学習し，未知のデータのカテゴリーを推定することができるだろうか。

機械学習ではさまざまなアルゴリズムが用いられるが，そのもととなるのは，昔から知られている統計や**多変量解析**の技術である。最も簡単なデータ解析は，1変数からなる特徴量による分類であろう。そこで，こんな例を考えてみる。AとBの二つの機械があるとする。それぞれが出す音の音量を何度も測定し，横軸に音量，縦軸に観測された回数をプロットする。これによりヒストグラムと呼ばれるグラフが得られるが，それが**図 4.5** のような形になったとする。

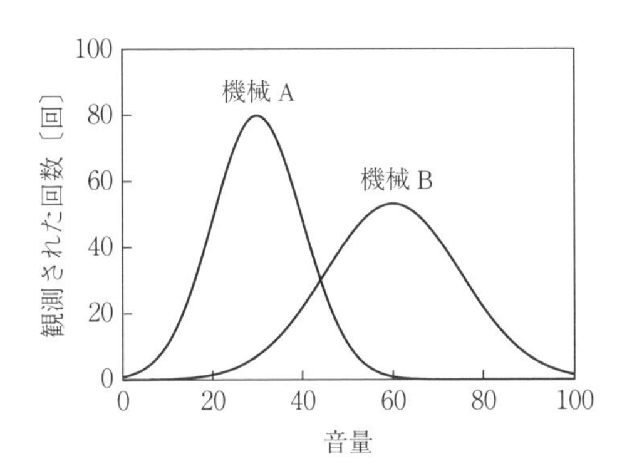

図 4.5　1変数による分類の例

このとき，音を1回だけ観測して，その音を出したのがAとBのどちらかを当てるには，どうすればよいだろうか。図から明らかなように，2本のグラフが交わるところ（音量＝44付近）を境として，それより音量が大きければB，小さければAと推定すればよい。

それでは変数が二つ以上ある場合はどうだろうか。例えば，周波数5 kHz未満の成分の強度と周波数5 kHz以上成分の強度といった具合に，複数の変数が得られているとする。仮にこの2変数の分布が**図 4.6** のようになっているとしよう。このとき最も単純な方法は，それらすべての変数の平均をとる方法である。しかし平均値を見るということは，ある閾値 C に対し（横軸の値＋縦軸の値）/2＝C で表される直線で二つのクラスを分類するということであり，図

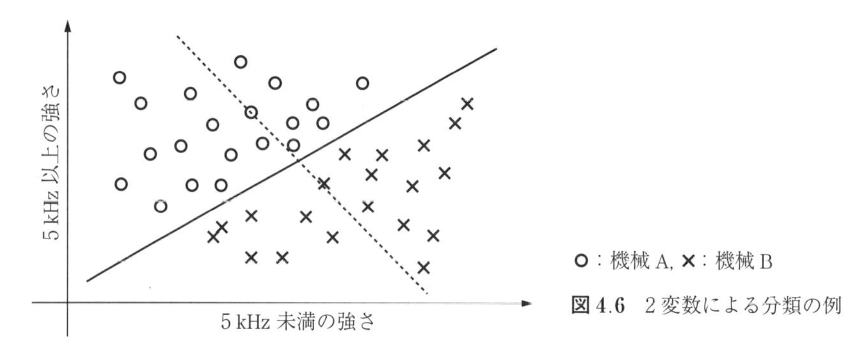

図 4.6　2 変数による分類の例

中の破線のような分類しかできない。

一方，各変数の重要度がそれぞれ同等とは限らないことを考えると，重要なものには大きな重みを，そうでもないものには小さな重みをかけ，加重平均をとってから上記と同じことをしてもよいはずである。さらにいうと，重みの値は負になってもよい。ただし重みのかけ方はどうすればよいのかわからないので，データ全体を見て，最もきれいにデータを分類できるような重みを探してみることにしよう。これが**線形判別分析**である。

線形判別分析では実際にいろいろな重みを試してみる必要はなく，それぞれのデータの分布に関する統計量から最適な重みを求めることができる。ただし計算を簡単にするために，A と B とに属するデータは，どちらも同じ共分散行列で表される正規分布に従うと仮定する。この仮定を弱めて，それぞれが異なる共分散行列を持つモデルなども近年では使われるようになってきているが，その場合は簡単な式で最適解を求めることができず，数値計算によって求める必要がある。実際に最適な重みを求めてみると，図中の実線で表されるような判別が実現できることだろう。

4.4.2　多クラス分類問題

前項では，線形判別分析を用いた 2 クラスの分類問題を説明した。それでは，分類対象となるクラスが三つ以上ある場合はどうすればよいだろうか。

線形判別分析を多クラスに拡張することも可能である。例えば，「クラス A

に属するか属さないか」「クラスBに属するか属さないか」といった1対多の2クラス分類の組合せとして問題を記述し直す方法がある。この場合，N個のクラスを分類するために，N個の分類器を学習することが必要となる†。また，それらの分類器をどういう優先度で組み合わせるかという問題がある。もう一つの方法として，「クラスAとクラスBならばどちらに属するか」「クラスAとクラスCならばどちらに属するか」など，N個のクラスから2個を選ぶすべての組合せについて分類器を学習し，得られた結果で多数決を行うというものがある。この場合，分類器間の優先度を考える必要はないが，$N(N-1)/2$個の分類器の学習および分類実行が必要となり，処理が煩雑になるという問題がある。

このほかに，多クラス分類に適したシンプルなアルゴリズムとしては，k近傍法が知られている。k近傍法では，学習データをすべて記憶しておき，分類したいデータが入力されたときには，そのデータとの類似度が高い方からk個のデータを抽出する。そしてそのk個のデータを使って多数決を行い，入力データに対するクラスを決定する。この方法はきわめてシンプルであるが，データ保持のコストや類似度計算のコストが高いという問題がある。

4.4.3　決定木による分類

それぞれの変数の重要度が一定である場合には，加重平均をとることでそれぞれの重要度を加味することができる。しかし特徴量の中には，他の特徴量の値によって，意味するところが大きく変わるものがあるかもしれない。例えば，二つの変数が「音の高さ」と「音の大きさ」だとしてみよう。機械Aは高い音を出すときは大音量になるが，低い音を出すときは低音量になり，機械Bはその逆の傾向があるとする。このとき，観測データの分布は**図4.7**のようになると想定される。

このとき，どんな直線を引いても高精度の分類が困難であることは容易に想

† 単に順番に適用していくだけなら$N-1$個でよいが，適用する順番が分類結果に大きく影響してしまう。

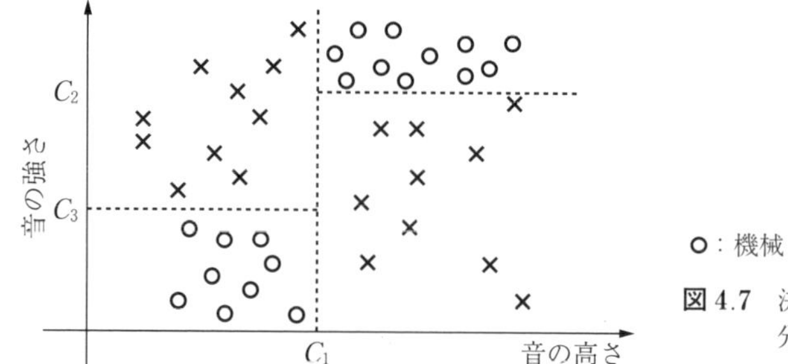

○：機械 A，×：機械 B

図 4.7　決定木に向いている分類の例

像できる。一方，図中に表されるように，平面をいくつかの領域に区分けすれば，二つのクラスをきれいに分類できそうである。つまり，図 4.7 のように分布したデータは図 4.6 のように 1 本の直線で分けるのではなく，多数の直線で領域を細かく分けていく分類法に向いているといえる。具体的には，まず「音の高さ」で二つに分類し，つぎにそれぞれの結果に応じて閾値を設け，最終的な分類結果を得ればよい。

このような分類システムを作るためには，最初にデータ全体を見て，「どの変数を使って 2 分類するのが最も効率的か」を計算により求める必要がある。それができたら，分類された二つの部分集合それぞれに対し，「つぎにどの変数を使って 2 分類するのが効率的か」を計算する。

このような計算を続けていくと，最終的には**図 4.8** のような判定ルーチンができるはずである。このようにしてできた判定ルーチンを，その形にちなんで**決定木**（けっていぎ）と呼ぶ。また，途中で判定を行う各箇所を**ノード**（**節**），最終的に特定のクラスに属することが決定した箇所を**リーフ**（**葉**）と呼ぶ。

決定木を使った分類では，それぞれのノードで着目するクラスが変わっても

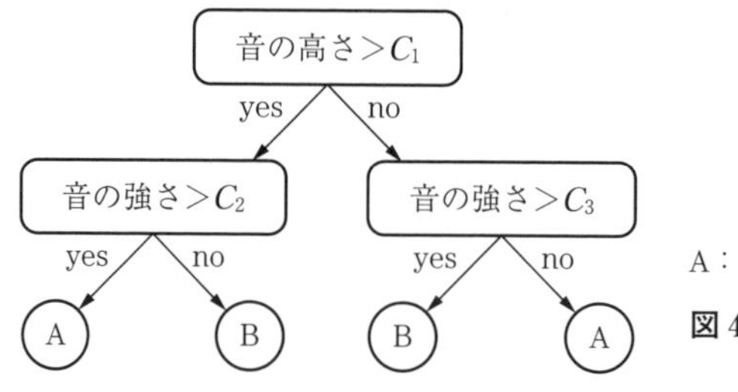

A： 機械 A，B： 機械 B

図 4.8　決定木の例

よく，そのため多クラス分類問題にも自然な形で適用することが可能である。一方，決定木による分類の弱点として，学習データ数に比べて特徴量の数が多い場合，特定のデータに偶然出現した誤差をクラスの特徴量として学習してしまうという問題がある。こうした現象は**過学習**と呼ばれる。過学習を避けるために，学習により得られた決定木の一部を敢えて取り除き，細か過ぎる分類を避けることもある。こうした処理は**枝刈り**（pruning）と呼ばれる。

4.4.4　サポートベクターマシン

線形判別分析では，学習データ全体の分布を見て２クラスを隔てる境界を推定した。しかし，学習データの中には境界付近の「微妙な」データもあれば，境界から大きく離れた「自明な」データもある。そして実際の分類対象となるデータにも，同じように微妙なデータと自明なデータとがある。とはいえ，自明なデータはどんな学習アルゴリズムでもだいたい正しく分類されるので，結局のところ，分類精度の良し悪しを決めるのは微妙なデータをいかに正しく分類できるかにかかっている。それならば，学習アルゴリズムそのものが微妙なデータを重視するべきであると考えるのは，自然な発想といえるであろう。

サポートベクターマシン（support vector machine，**SVM**）と呼ばれる分類器では，学習データのうち二つのクラスの分類境界付近にあるものだけに着目する。そうしたデータ，より具体的には分類境界に最も近いデータを，**サポートベクター**と呼ぶ。そして，このサポートベクターと分類境界との距離がなるべく大きくなるようにするというのが，サポートベクターマシンによる学習の基準である。こうした基準は，**マージン最大化**と呼ばれる。

実際には，分類境界が決まらないと各データから分類境界までの距離も決まらないので，どのデータがサポートベクターとなるかは自明ではない。学習を進めるにつれて分類境界の位置が動き，それに合わせてサポートベクターとなるデータも変わり，それに応じてさらに分類境界を修正しといった学習を再帰的に進めていく必要がある。そのような学習を行った結果，**図 4.9** に示すような分類境界が得られることになる。ここでは，実線で表される分類境界に対

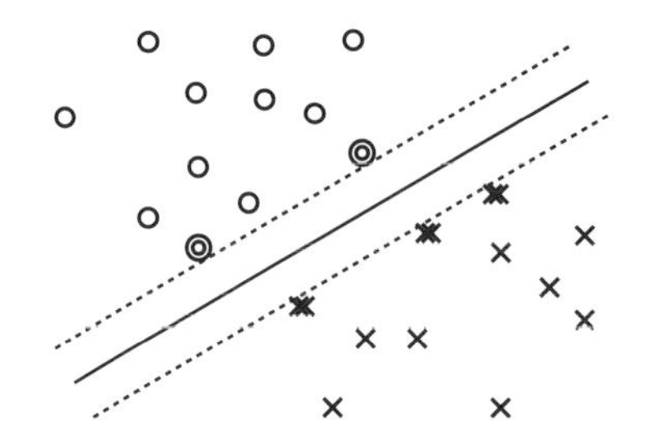

図 4.9　サポートベクターマシンの概念図

し，そこから一定の距離のところに書かれた破線上にいくつかのサポートベクターが存在することがわかる。

図 4.9 に表されるように，二つのクラスに属するデータが完全に分離可能である場合にはサポートベクターが存在し，マージン最大化により境界を求めることができる。一方，実社会のデータの多くはさまざまなノイズを含み，その結果として，二つのクラスのデータが一部のエリアで混在してしまっている場合もある。このような場合に対応する手法として，サポートベクターよりもさらに分類境界寄り，あるいは反対クラス側に入ってしまうデータがいくつかあってもよいとする方法がある。こうしたデータに対しては一定のペナルティを課し，そのペナルティの総和が小さくなるように分類境界を定める手法を，**ソフトマージン SVM** と呼ぶ。

マージン最大化の原理を採用することにより生まれたサポートベクターマシンだが，今日幅広く使われるようになったのは，**カーネルトリック**と呼ばれる非線形変換との組合せにより，分類精度が大きく向上したことによるところが大きい。これは，もともとの特徴量に対してなんらかの非線形変換を施すことにより，もともとはきれいに分離できなかった二つのクラスが，分離しやすくなるという考えである†。具体的な非線形変換としては，多項式カーネルやガウスカーネル，シグモイドカーネルなどが用いられることが多い。

† カーネルトリックという用語には，これに加えて，サポートベクターに対する簡単な計算だけで非線形変換後の結果が得られるという性質への言及が含まれているが，ここでは詳細は割愛する。

なお，サポートベクターマシンは2クラス分類のタスクのみに適用可能な手法であるが，これを多クラス分類に拡張したい場合には，4.4.2項で述べた1対多の分類をN回繰り返す手法や，1対1の分類を$N(N-1)/2$回繰り返す手法などが使用可能である。

4.4.5 WEKA

機械学習のさまざまな手法に対し，近年では各種のプログラムやツールキットが公開される例が増えてきているが，本項では，これまでに挙げたものを含めて多数の標準的なアルゴリズムを包括するツールとして幅広く用いられている，Weka†を紹介する。

Weka[5)] は，Javaで記述されたさまざまなツールの集合である。WindowsやMacOS向けのインストーラも存在するが，Javaが動作する環境であればそれ以外でも簡単に使うことができる。実行に当たっては，グラフィカルインタフェースとコマンドラインインタフェースとが用意されているが，本質的な動作は違わないので，以下ではコマンドラインからの操作方法を説明する。

Wekaによる機械学習を行うには，arffというフォーマットでデータを用意しておく必要がある。以下にarffフォーマットの簡単な例を挙げてみよう。

```
@relation AudioClassification

@attribute loudness numeric
@attribute pitch numeric
@attribute class {machineA, machineB}

@data
4.488,0.997,machineA
-1.763,-1.691,machineB
-2.139,0.001,machineB
0.640,1.136,machineA
```

1行目の`@relation`というのは，このarffファイルが表しているデータセットの名称であり，使用者がわかりやすい名前を付けておけばよい。その後

† http://www.cs.waikato.ac.nz/ml/weka/

に続く数行の @attribute は，この arff ファイルで用いる属性の一覧を表しており，本書で想定する使い方の場合には，特徴抽出された一つ一つの特徴の名前と種類とが，それぞれスペースで区切られた２列目と３列目に書かれていると思えばよい。

種類の欄は，arff ファイルのフォーマットではさまざまなものが定義されているが，実際には実数および整数を表す numeric と，有限個のラベルをカッコの中に列挙する型との二つを覚えておけば十分であろう。

数値で表される特徴量はすべて numeric でよいし，分類の対象となるクラス名は，上の例の {machineA, machineB} のように記述すればよい。もちろん，特徴量の中に数値ではないラベルが含まれるときは，クラス名と同じように列挙型を使ってもよい。

そして，@attribute 属性として記述されたリストの最後の行が Weka による分類の対象と扱われるので，クラス名は必ず最後に書くようにする。

データが arff フォーマットで用意できたら（仮に traindata.arff という名前とする），あとは Weka を実行するだけである。例えば決定木を試すのであれば，コマンドラインに

```
java weka.classifiers.trees.J48 -t traindata.arff
```

と打ち込むだけでよい†1。このとき，何も指定しなくても自動的にクロスバリデーションを行ってくれるので，だいたいの性能の目安を得ることができる。学習データとは別にテストデータの arff ファイルを用意する場合には，上記の後に，-T testdata.arff というように打ち込んでやればよい†2。また，学習した結果を一時的にファイルに保存しておくための -d オプション，それを評価用に使うための -l オプションなどもあるので，実験の内容に応じて使い分けることができる。上記は決定木の例だが，SVM を使いたい場合には

```
java weka.classifiers.functions.SMO -t traindata.arff
```

†1　Java のクラスパスの設定などについての説明は省略する。
†2　学習データを与えるオプション -t に対し，テストデータを与えるオプション -T は大文字になることに注意。

とすればよい。このように何も指定しないと線形カーネルが用いられるが，パラメータによりさまざまなカーネルを指定することも可能である。線形判別分析はWekaの本体には含まれていないが，discriminantAnalysisというパッケージを追加インストールすることにより使用可能となる。また，クラス名称を列挙する代わりに，片方のクラスを1.0，もう片方のクラスを−1.0としてnumeric型の属性で記述しておいたうえで

```
java weka.classifiers.functions.LinearRegression
-t traindata.arff -p 0
```

とすれば，各サンプルに対する予測値を実数として出力してくれる。これに対して適当な閾値を設定し，それより大きい値ならば1.0のクラス，小さい値ならば−1.0のクラスと予測すれば，アルゴリズム的には線形判別分析とほぼ同等のことができる。

4.4.6 ディープラーニング

近年の機械学習への関心の高まりは，**ディープラーニング**（**深層学習**）の成功に起因するところが大きい。2012年には，ディープラーニングを使ったGoogle社の人工知能が，YouTubeからランダム抽出した1 000万枚の画像から，猫のモデルを自動学習したとして話題になった。同じころ音声分野でも，それまで**混合ガウス分布**によって表されていた音響モデルをディープラーニングに置き換えることにより，音声認識の性能が飛躍的に向上することが示された。2016年には，人工知能にとって最も難しいゲームの一つと言われていた囲碁において，世界チャンピオンが人工知能に敗れるというニュースが世界を驚かせた。

ディープラーニングの基本は，**図4.10**に表されるようなたくさんの素子をネットワーク状に並べたものである。一つ一つの素子はニューロンと呼ばれ，いくつかの素子からの入力を受け取りそれらになんらかの重みをつけて足し合わせ，その結果を非線形に変換した値を出力する。そのような入力と出力の関係を通じ，ある一定の方向（この図でいうと左から右）に処理が流れていく。

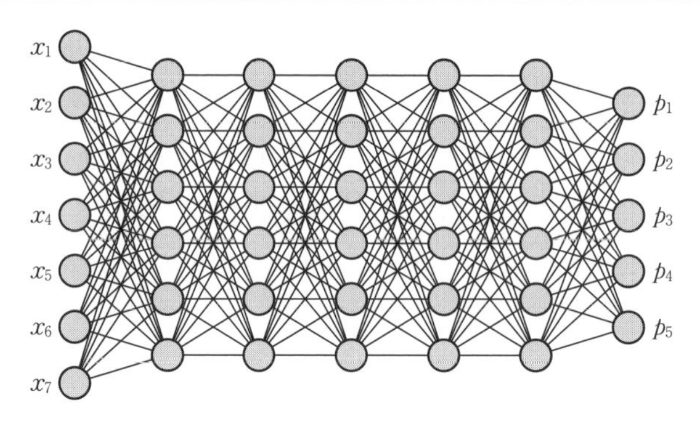

図 4.10　ディープラーニングの概念図

最も左側の層は**入力層**と呼ばれ，データから抽出した特徴量そのものが入力される。2 列目以降は外からは参照されないため，**隠れ層**と呼ばれる。そして最も右側の層は**出力層**と呼ばれ，この層のニューロンの出力値が実際のアプリケーションなどで使われることになる。

本書で扱っている分類問題の場合，出力層のうちどのニューロンの出力値が最大となるかが，そのままクラス分類の結果を表していると捉えることができる。つまり，この図の例は，7 次元の特徴量が与えられたときに，5 クラスの分類問題を解くことができるネットワークである。また，線形判別分析やSVM で扱ったような 2 クラスの分類タスクであれば，出力層のニューロンの数は 2 個ということになる。

このようなニューロンの組合せは**ニューラルネットワーク**と呼ばれ†，1980 年代後半から 90 年代前半にかけて盛んに研究が行われた。所望の出力を得るためには学習データの特徴量を入力層に与え，そこから伝搬して出力層に達した値を正しい出力と比較する。比較により誤差が得られたら，今度はその誤差を逆向きに伝搬させ，層間の伝搬で用いられる重みの値を少しずつ修正していく。このような学習アルゴリズムは**バックプロパゲーション**と呼ばれる。

当時，隠れ層を 1 層だけ持つようなニューラルネットワークを使って線形判

† これに対応して，図 4.10 のような多層のニューラルネットワークを**ディープニューラルネットワーク**と呼ぶこともある。ディープニューラルネットワークとディープラーニングという二つの言葉は，ほぼ同じ意味で用いられると思ってよい。

別不能な分類問題を解くことができることなどが示され，ニューラルネットワークへの期待は高まった。しかし，より複雑な問題を解こうとして層の数を増やすと，徐々に学習がうまくいかなくなり性能が劣化してしまうという問題があった。そのため注目度が下がった時期もあったが，近年，多層のニューラルネットをうまく学習させるアルゴリズムがつぎつぎと発見され，画像認識や音声認識など，さまざまな実用課題で既存のアルゴリズムを凌駕するようになった。

ディープラーニングを簡単に実行するためのツールとしては，例えばCaffe[†7)]がある。ディープラーニングでは，ネットワークのトポロジーや学習速度を調整するさまざまなパラメータなど，チューニングの対象となるものが多く，初心者が手軽に実行するのは難しいが，チュートリアルとして用意されている設定をもとに自分の実験条件に合わせていくようにすれば，比較的簡単に実験が行えるはずである。

演習問題

〔4.1〕 量子化ビット数16ビットと24ビットのPCM音源において，表現可能な音響信号のダイナミックレンジがそれぞれ何デシベルになるかを計算しなさい。

〔4.2〕 100人の話者がそれぞれ1 000発話ずつしている音声データ，合計100 000発話が手元にある。これを使って不特定話者音声認識の実験を行いたい。モデル学習にかかる時間がほとんど気にならないとすると，何分割のクロスバリデーションを行うのがよいか。

〔4.3〕 MFCCを用いた音声認識を行う場合，学習時と認識時で特徴抽出の条件が一致している必要がある。このとき一致を確認すべきパラメータを具体的に挙げなさい。

〔4.4〕 一般に，学習データの量が一定であるならば，用いる特徴量の種類が増えるほど過学習が生じやすくなる。その理由を述べなさい。

† http://caffe.berkeleyvision.org/

引用・参考文献

2 章

1) 電子情報通信学会 編，辻井重男 監修：ディジタル信号処理の基礎（1988）
2) 谷萩隆嗣：カルマンフィルタと適応信号処理，ディジタル信号処理ライブラリー 3，コロナ社（2005）
3) 日本音響学会 編，浅野　太 著：音のアレイ信号処理，音響テクノロジーシリーズ 16，コロナ社（2011）
4) 日本音響学会 編，境　久雄 編著：聴覚と音響心理，音響工学講座 6，コロナ社（1978）
5) 小野順貴，宮部滋樹，牧野昭二：非同期分散マイクロホンアレイに基づく音響信号処理，日本音響学会誌，**70**，7，pp.391-396（2014）
6) 戸上真人ほか：垂直配置マイクロホンアレーを利用した卓上突発音除去機能を備える遠隔会議システム，信学論，**J93-D**，10，pp.2069-2084（2010）
7) J. Benesty, D. R. Morgan and J. H. Cho：A New Class of Doubletalk Detectors Based on Cross-Correlation, IEEE Transactions on Speech and AudioProcessing, **8**, 2, pp.168-172（2000）
8) R. M. Stern, G. J. Brown and D. Wang：Binaural Sound Localization, Chapter in *Computational Auditory Scene Analysis*：*Principles, Algorithms, and Applications*, D Wang and G. J. Brown（Eds）, Wiley-IEEE Press（2006）
9) D. D. Lee and H. S. Seung：Algorithms for Non-negative Matrix Factorization, *Advances in Neural Information Processing* 13, MIT Press（2001）
10) Y. Ephraim and D. Malah：Speech Enhancement Using a Minimum Mean-Square Error Short-Time Spectral Amplitude Estimator, IEEE Transactions on Acoustics, Speech, and Signal Processing, **32**, 6, pp.1109-1121（1984）
11) I. Cohen and B. Berugo：Speech Enhancement for Non-stationary Noise Environments, Signal Processing, Vol. 81, pp.2403-2418（2001）
12) Y. Obuchi, R. Takeda and M. Togami：Noise Suppression Method for Preprocessor of Time-Lag Speech Recognition System Based on Bidirectional Optimally Modified Log Spectral Amplitude Estimation, Acoustical Science and Technology, **34**, 2. pp.133-141（2013）
13) V. R. Algazi, R. O. Duda, D. M. Thompson and C. Avendano：The CIPIC HRTF Database, Proc. 2001 IEEE Workshop on Applications of Signal Processing to Audio and Electronics, pp.99-102, New Paltz, NY（2001）

3 章

1) 電子情報通信学会 編，三浦種敏 監修：新版 聴覚と音声，コロナ社（1980）
2) 古井貞熙：ディジタル音声処理，ディジタルテクノロジーシリーズ 6，東海

大学出版会（1985）
3) 情報処理学会 編，鹿野清宏ほか 編著：IT Text 音声認識システム，オーム社（2001）
4) A. V. Oppenheim, R. W. Schafer 著，伊達　玄 訳：ディジタル信号処理，（上），（下），コロナ社（1978）
5) 貴家仁志：ディジタル信号処理，昭晃堂（1997）
6) 辻井重男，鎌田一雄：ディジタル信号処理，ディジタル信号処理シリーズ，昭晃堂（1990）
7) 樋口龍雄，川又政征：ディジタル信号処理― MATLAB 対応，昭晃堂（2000）
8) 尾知　博：シミュレーションで学ぶディジタル信号処理，TECH I，Vol.9，CQ 出版社（2001）
9) 日本音響学会 編，境　久雄 編著：聴覚と音響心理，音響工学講座 6，コロナ社（1978）
10) B. C. J. ムーア 著，大串健吾 訳：聴覚心理学概論，誠信書房（1994）
11) 日本音響学会 編，難波精一郎，桑野園子 著：音の評価のための心理学的測定法，音響テクノロジーシリーズ 4，コロナ社（1998）
12) 重野　純：音の世界の心理学，ナカニシヤ出版（2003）
13) 榎本美香，飯田　仁，相川清明：マルチモーダルインタラクション，メディア学大系 4，コロナ社（2013）
14) 田上博司：デジタルサウンド・プロセシング，二瓶社（2003）

4 章

1) 古井貞熙：人と対話するコンピュータを創っています―音声認識の最前線，角川学芸出版（2009）
2) 荒木雅弘：フリーソフトでつくる音声認識システム，森北出版（2007）
3) C. M. ビショップ 著，元田　浩ほか 監訳：パターン認識と機械学習（上）（下），丸善出版（2012）
4) F. Eyben, F. Weninger, F. Gross and B. Schuller：Recent Developments in openSMILE, the Munich Open-Source Multimedia Feature Extractor, Proc. ACM Multimedia（MM）, Barcelona, Spain, ACM, pp.835-838（2013）
5) M. Hall, E. Frank, G. Holmes, B. Pfahringer, et al.：The WEKA Mining Software：An Update, SIGKDD Explorations, Vol.11, Issue 1.（2009）
6) 岡谷貴之：深層学習，機械学習プロフェッショナルシリーズ，講談社（2015）
7) Y, Jia, E. Shelhamer, J. Donahue, S. Karayev, J. Long, R. Girshick, S. Guadarrama and T. Darrell：Caffe：Convolutional Architecture for Fast Feature Embedding, arXiv preprint arXiv：1408. 5093（2014）

演習問題解答

2章

〔**2.1**〕 式 (2.2) より，弾性エネルギーは以下のようになる。

$$\frac{1}{2}kx^2 = \frac{1}{2}kA\,2\sin^2(\omega t + \theta) \tag{1}$$

つぎに，式 (2.2) を時間微分して速度を求める。

$$v = \frac{dx}{dt} = A\omega\cos(\omega t + \theta) \tag{2}$$

これを使って運動エネルギーを求め，$\omega = \sqrt{k/m}$ を使って変形すると

$$\frac{1}{2}mv^2 = \frac{1}{2}mA^2\omega^2\cos^2(\omega t + \theta) = \frac{1}{2}kA^2\cos^2(\omega t + \theta) \tag{3}$$

となる。総エネルギー E は弾性エネルギーと運動エネルギーの和なので

$$E = \frac{1}{2}kA^2\sin^2(\omega t + \theta) + \frac{1}{2}kA^2\cos^2(\omega t + \theta) = \frac{1}{2}kA^2 \tag{4}$$

となり，式 (2.4) が得られた。

〔**2.2**〕 以下に**解図 2.1** を示す。（a）が波形，（b）がスペクトルである。

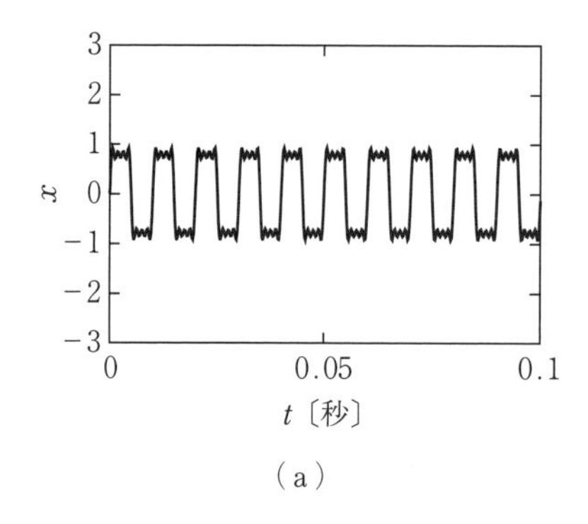

（a）

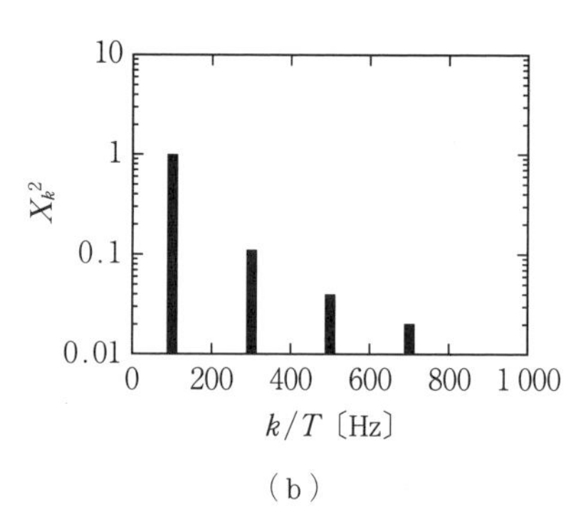

（b）

解図 2.1

〔**2.3**〕 フィルタの更新をストップすべきである。実際は遠端話者のシングルトークだった場合，仮にフィルタの更新を行わなくても，それより前から状況が大きく変わっていなければ，エコーキャンセラの性能が急激に劣化することはない。一方，逆に実際はダブルトークだった場合，フィルタの更新を行ってしまうと，まったく意味のない値に発散し，急激な音質劣化を引き起こしてしまう。

〔**2.4**〕 16個のマイクの信号を以下で表す。

$$x_i(t) = A\sin\{2\pi f(t+\delta i)\} \qquad (i=0, 1, 2, \cdots 15) \tag{5}$$

これらをすべて足し合わせるのだが，まず1番目と15番目を足すと，三角関数の和積変換公式を使って

$$A\sin(2\pi ft) + A\sin\{2\pi f(t+15\delta)\} = 2A\sin\left\{2\pi f\left(t+\frac{15}{2}\delta\right)\right\}\cos(15\pi f\delta) \tag{6}$$

を得る。同様の計算を，2番目と14番目，3番目と13番目という具合に，全部で8組のペアについて行うと，どのペアについても $A\sin\left\{2\pi f\left(t+\frac{15}{2}\delta\right)\right\}$ という部分を共通因子として含み，それを除いた部分の総和が W ということになる。すなわち

$$W = 2\cos(15\pi f\delta) + 2\cos(13\pi f\delta) + 2\cos(11\pi f\delta) + 2\cos(9\pi f\delta) + 2\cos(7\pi f\delta) + 2\cos(5\pi f\delta) + 2\cos(3\pi f\delta) + 2\cos(\pi f\delta) \tag{7}$$

となる。ここで，第1項と第8項，第2項と第7項，第3項と第6項，第4項と第5項という組合せで，再び和積変換公式を使うと

$$\begin{aligned} W &= 4\cos(8\pi f\delta)\cos(7\pi f\delta) + 4\cos(8\pi f\delta)\cos(5\pi f\delta) \\ &\quad + 4\cos(8\pi f\delta)\cos(3\pi f\delta) + 4\cos(8\pi f\delta)\cos(\pi f\delta) \\ &= 4\cos(8\pi f\delta)\{\cos(7\pi f\delta) + \cos(5\pi f\delta) + \cos(3\pi f\delta) + \cos(\pi f\delta)\} \end{aligned} \tag{8}$$

となる。カッコ内の第1項と第4項，第2項と第3項で和積変換公式を使い，以下同様に(9)を得る。

$$\begin{aligned} W &= 4\cos(8\pi f\delta)\{2\cos(4\pi f\delta)\cos(3\pi f\delta) + 2\cos(4\pi f\delta)\cos(\pi f\delta)\} \\ &= 8\cos(8\pi f\delta)\cos(4\pi f\delta)\{\cos(3\pi f\delta) + \cos(\pi f\delta)\} \\ &= 16\cos(8\pi f\delta)\cos(4\pi f\delta)\cos(2\pi f\delta)\cos(\pi f\delta) \end{aligned} \tag{9}$$

〔**2.5**〕 この問題の仮定のもとでは，AとBの送信信号として，以下の12種類の組合せが同確率で起こるはずである。

(1, 1)，(1, 6)，(2, 2)，(2, 5)，(3, 3)，(3, 4)，(4, 4)，(4, 3)，(5, 5)，(5, 2)，(6, 6)，(6, 1)

そこで，$t=0$ に (1, 1)，$t=1$ に (1, 6)，$t=2$ に (2, 2) といった具合に，12回の観測で得られたデータについて式 (2.88) の値を計算すればよい。詳細は割愛するが，$\overline{X_1}=\overline{X_2}=3.5$ などを使って計算すると，分子の値が0となり，相関係数が0となることがわかる。また，例えば上記の12種類の組合せの発生確率はどれも1/12なので，例えば $p(1, 1)=1/12$ であるが，一方で $p(1)=1/6$ であるから，式 (2.89) は成立しておらず，両者は独立

ではない。

〔2.6〕　音が正面や真後ろから到来する場合，左右の耳には同じ信号が入るため，信号そのものを解析しても前後を聞き分けることはできない。耳慣れない電子音の方向が前か後ろかわからないのはそのためである。しかし，耳介などによる反射で音色がどのように変わるかは，前からくる場合と後ろからくる場合とで異なる。したがって，普段から馴染みのある音であれば，その音色がどのように変わったかによって，前後のどちらからきたかを推測することができる。友達の声の到来方向がわかったのはそのためである。

3章

〔3.1〕　音源から 10 m の地点では，1 m の地点より音響エネルギーは 100 分の 1 に減衰する。したがって

$$10\log_{10}\frac{1}{100} = -20\ \text{dB}$$

〔3.2〕

$$e^{-j\omega t} = \cos(\omega t) - j\sin(\omega t)$$
$$e^{j\omega t} = \cos(\omega t) + j\sin(\omega t)$$

であるから

$$\cos(\omega t) = \frac{e^{-j\omega t} + e^{-j\omega t}}{2}$$

$$\sin(\omega t) = \frac{e^{-j\omega t} - e^{-j\omega t}}{2j}$$

〔3.3〕

$$X(z) = \sum_{n=-\infty}^{\infty} x(n)z^{-n} = z^0 + 2z^{-1} + z^{-2}$$

〔3.4〕　Scilab コード

```
-->convol([3 2 1],[1 2])
 ans =
 3.  8.  5.  2.
```

〔3.5〕

$$H(\omega) = 1 - z^{-1} = 1 - e^{-j2\pi fd} = 1 - \cos(2\pi f\Delta) + j\sin(2\pi f\Delta)$$

であるから，以下のように sin の関数となる。

$$|H(f)|^2 = 2 - 2\cos\left(\pi\frac{f}{f_{\max}}\right)$$

$$|H(f)| = 2\sin\left(\frac{\pi}{2}\frac{f}{f_{\max}}\right)$$

〔3.6〕

$$H(z)=z^0+\frac{1}{2}z^{-1}+\frac{5}{16}z^{-2}=\frac{\left(z+\frac{1}{4}\right)^2+\frac{-1+5}{16}}{z^2}$$

したがって，零点と極は以下のように求まる。

$$z_z=-\frac{1}{4}\pm\frac{1}{2}j$$

$$z_p=0$$

〔3.7〕 零点が $z_z=-0.5\pm0.6j$ にあるということは，伝達関数が

$$H(z)=\frac{(z+0.5-0.6j)(z+0.5+0.6j)}{z^2}$$

$$=1+z^{-1}+\left(0.5^2+0.6^2\right)z^{-2}=1+z^{-1}+0.61z^{-2}$$

〔3.8〕

$$y(n)=x(n)-0.4\,y(n-1)-0.4\,y(n-2)$$

$$X(z)=Y(z)+0.4\,z^{-1}Y(z)+0.4\,z^{-2}Y(z)$$

$$Y(z)=\frac{1}{1+0.4\,z^{-1}+0.4\,z^{-2}}X(z)$$

$$H(z)=\frac{z^2}{z^2+0.4\,z^1+0.4}=\frac{z^2}{(z+0.2)^2+0.36}$$

零点　$z=0$　　極　$z=-0.2\pm0.6j$

〔3.9〕

$$H(z)=\frac{1}{1+2.4\,z^{-1}+1.6\,z^{-2}}=\frac{z^2}{z^2+2.4\,z^1+1.44+0.16}$$

$$=\frac{z^2}{(z+1.2)^2+0.4^2}$$

したがって，極が $z=-1.2\pm0.4j$ であり，単位円の外側にあるため安定なフィルタではない。

〔3.10〕 伝達関数が

$$H(z)=\frac{z^2}{(z+0.9-0.1j)(z+0.9+0.1j)}$$

$$=\frac{1}{1+1.8\,z^{-1}+0.82\,z^{-2}}$$

となるから**解図 3.1** となる。

また，インパルス応答を求める Scilab プログラムは

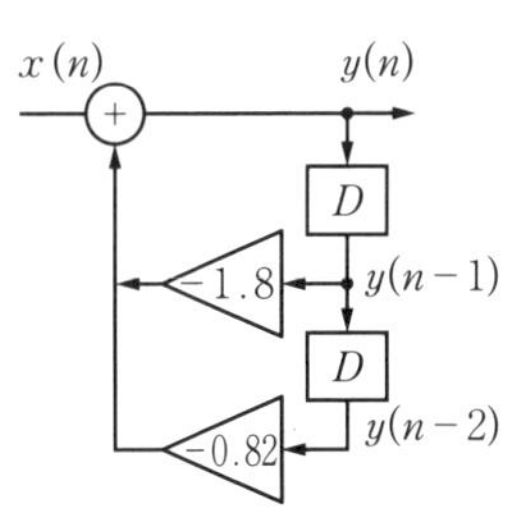

解図 3.1

```
y = [ 0 1 ] ;
for i = 3 : 50 ;
y(i) = -1.8 * y(i-1) -0.82 * y(i-2) ;
end ;
plot(y) ;
```

となり，演算結果は**解図 3.2** となる。

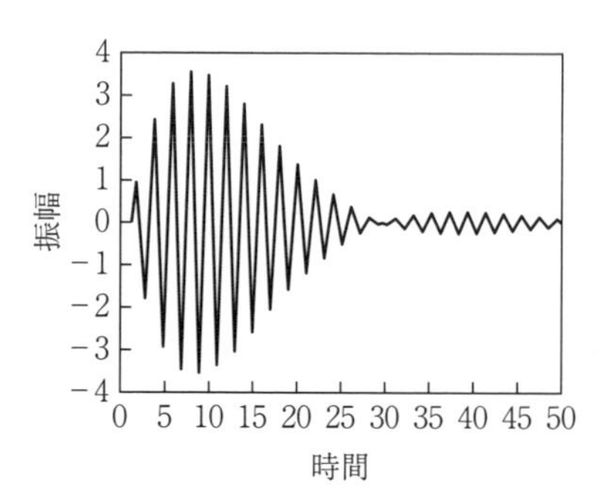

解図 3.2

〔**3.11**〕極と零点をプロットする Scilab のプログラムは以下のようになる。

```
z = poly( 0 , 'z' ) ;
d = 1 +1.8 * z.^(-1) + 0.82* z.^(-2) ;
n = 1 ;
h = syslin( 'c' , n./d ) ;
plzr(h) ;
u = exp( %i * ( 0 : %pi/50 : 2*%pi ) ) ;
plot( real( u ) , imag( u ) ) ;
```

これにより，得られた極と零点の図は**解図 3.3** のようになる。

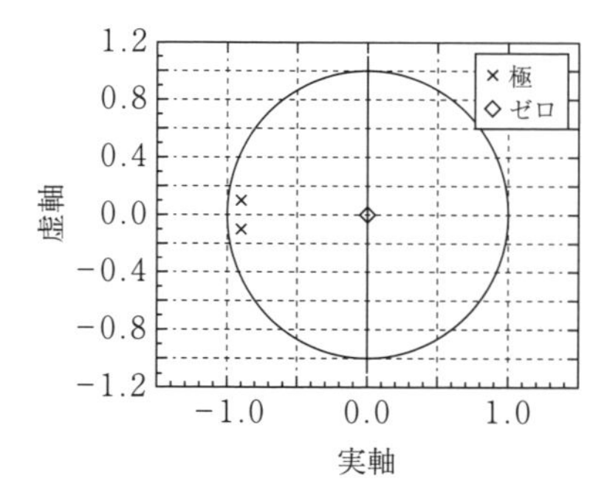

解図 3.3

〔**3.12**〕Yule-Walker 方程式は以下の式となる。

$$\begin{pmatrix} 1 & -0.5 \\ -0.5 & 1 \end{pmatrix}\begin{pmatrix} \alpha_1 \\ \alpha_2 \end{pmatrix} = -\begin{pmatrix} -0.5 \\ -0.125 \end{pmatrix}$$

これは，以下の連立方程式と等価である。

$$\alpha_1 - 0.5\,\alpha_2 = 0.5, \quad -0.5\,\alpha_1 + \alpha_2 = 0.125$$

第2式を2倍して第1式と加算すると

$$1.5\,\alpha_2 = 0.75$$

となるから $\alpha_2 = 0.5$ となり，この値を第1に代入すると

$$\alpha_1 = 0.5 + 0.5\,\alpha_2 = 0.75$$

のように求まる。MATLAB，Scilab でも同じ解が得られる。

〔3.13〕 図3.71から，第5倍音に共振の中心があり，第24倍音程度まで目視で成分がわかる。

〔3.14〕 以下のプログラム

```
colormap( 'jet' ) ;
imagesc( 1:128 ) ;
```

により得られる128段階の強さと色の対応は**解図3.4**のとおりである。

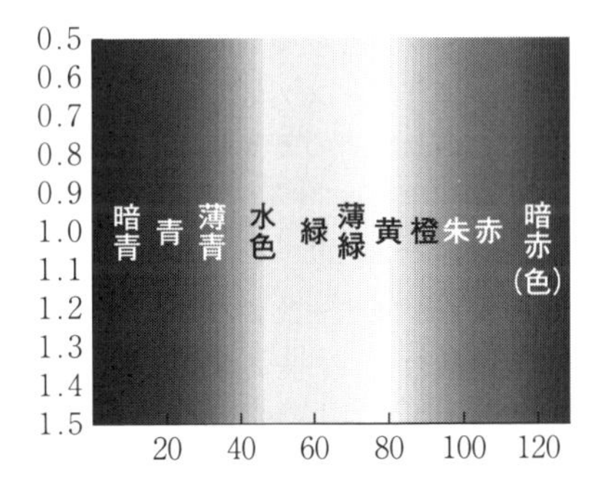

解図3.4　（実際の色は本書のホームページ参照）

〔3.15〕 リバーブの関数を用いたエコーは以下のように実行できる。

```
exec( "reverb.sci" ) ;
dt = 0.3 ; // 音の長さ（秒）
t = 0 : 1/22050 : dt ; // 時間刻みベクトル
a = 2 * %pi * t ; //2π 掛けておく
lt = length( t ) ; // 音のサンプル数
e = ( 1 : lt ) .* ( lt : -1 : 1 ) / lt / lt ;// 二次曲線振幅包絡
x = [e .* sin( 523*a ) e .* sin( 587*a ) e .* sin( 659*a ) ];
// s = reverb( wave, reverb_time, interval, decay ) ;
sound( reverb( x, 3, 1, 0.5 ) , 22050 ) ;
```

4章

〔4.1〕 16ビットの場合，最大振幅は2^{16}，最小振幅は1で，その比率は2^{16}，音のパワーはその2乗なので2^{32}となる。これをデシベルで表現すると$10\log_{10}2^{32}$で，約96.3 dBとなる。同様に，24ビットの場合には$10\log_{10}2^{48}$で，約144.5 dBとなる。なお，これらは同じ波形の最大振幅と最小振幅の比であり，オーディオの評価などで，最大振幅のサイン波（信号）と最小振幅のノコギリ波（ノイズ）を比較する場合には，若干異なる数値となる。

〔4.2〕 一般的には，音声認識性能に対しては話者性の影響が大きいと言われているので，学習話者と評価話者が異なっていることが望ましい。学習時間が気にならないのであれば，一人の評価話者に対し，残る99人すべてのデータを使ってモデル学習することが望ましいだろう。すなわち，100分割のクロスバリデーションということである。なお，発話内容が重なっていることの影響も除去したい場合には，単純なクロスバリデーションではなく，より細かいデータ分割が必要となる。

〔4.3〕 サンプリング周波数，フレーム幅とフレームシフト，窓関数の種類，FFTの次数，フィルタバンクの数，使用するMFCCの次数などがある。また，本文で触れていないものとしては，プリエンファシスを行っていればその係数，高域や低域のカットを行っていればそのカットオフ周波数といったものも影響する。

〔4.4〕 特徴量の種類が増えると，それによって表現できるパターンが増えるので，学習データ内で特徴量とラベルとが偶然一致する事象が発生するかもしれない。例えば，クラスで最も成績のよい二人の誕生日が一致する可能性は低いが，「父親の誕生日」「母親の誕生日」「祖父の誕生日」「祖母の誕生日」「電話番号の下4桁」「自宅の車のナンバー」など，いろいろなものを調べていけば，その中のどれかが偶然一致する可能性は高まる。過学習とは，こうした偶然の一致を，対象となる現象の持つ性質だと誤解してしまうことであり，特徴量の種類が増えるに従って生じやすくなる。

索　　引

——著者略歴——

相川　清明（あいかわ　きよあき）

1975年　東京大学工学部電気電子工学科卒業
1980年　東京大学大学院工学系研究科博士課程修了（電子工学専攻），工学博士
1980年　日本電信電話公社武蔵野電気通信研究所入所
1989年　カーネギーメロン大学コンピュータサイエンス学部客員研究員
1990年　NTTヒューマンインタフェース研究所勤務
1992年　国際電気通信基礎技術研究所人間情報通信研究所勤務
1996年　NTTヒューマンインタフェース研究所勤務
1999年　NTTコミュニケーション科学基礎研究所勤務
2003年　東京工科大学教授
現在に至る

大淵　康成（おおぶち　やすなり）

1988年　東京大学理学部物理学科卒業
1990年　東京大学大学院理学系研究科修士課程修了（物理学専攻）
1992年　株式会社日立製作所中央研究所勤務
2002年～03年　カーネギーメロン大学客員研究員兼務
2005年～10年　早稲田大学客員研究員兼務
2006年　博士（情報理工学）（東京大学）
2013年～15年　クラリオン株式会社勤務（兼務）
2015年　東京工科大学教授
現在に至る

音声音響インタフェース実践
Practical Speech and Sound Interfaces

2017年3月13日　初版第1刷発行　★

検印省略

著　者　相　川　清　明
　　　　大　淵　康　成
発行者　株式会社　コロナ社
　　　　代表者　牛来真也
印刷所　萩原印刷株式会社

112-0011　東京都文京区千石4-46-10
発行所　株式会社　**コ　ロ　ナ　社**
CORONA PUBLISHING CO., LTD.
Tokyo Japan
振替00140-8-14844・電話(03)3941-3131(代)
ホームページ　http://www.coronasha.co.jp

ISBN 978-4-339-02793-8　（高橋）　（製本：愛千製本所）
Printed in Japan